卷首语

中国住房体制改革近30年来取得的成绩自不必说，但对于中低收入人群的居住问题，住房政策却屡屡难以奏效。经济适用房的饱受诟病、廉租房发展的差强人意、商品房价格的一路飙升——1998年的住房改革方案提出之后11年，我们不仅没有通过三级住房供应体制过渡到住房全面市场化，市场门槛反而越来越高，产生了前所未有的社会住房需求。2008年金融海啸过后，中国政府推出了高达9000亿元的保障住房计划，其中包括新增200万套廉租房、400万套经济适用住房，并完成100多万户林业、农垦和矿区的棚户区改造工程。巨大数字足以让人们精神为之一振，但对于有各自利益诉求的地方政府和开发商，操作起来，也增加了难以捉摸的变数；看似规模宏大，但相比全国更为庞大的低收入人群，这不过是一个起步而已。

快速发展的城市化进程、城市土地财政制度、金融业对于房地产的依赖和悬殊的贫富差距，成为推动城市房价不断攀升的原动力。城市化为住房的刚性需求提供了基础，而城市对于土地收入的依赖与富裕阶层的住房投机则将这种需求一步步放大成泡沫。住房的商品属性、投资属性被无限放大，而社会属性被压缩到最小，一部分社会阶层的基本住房权利无法得到保障。如果我们继续无视社会弱势群体利益诉求，一方面房地产泡沫日益扩大，另一方面社会矛盾不断增加，等待我们的，也许是经济繁荣与社会稳定两个方面的巨大损失。

本期《住区》梳理了中国社会住房政策的发展历程，并介绍了国外的相关探索与尝试。对中国社会住房的发展脉络进行解读，当有助于厘清我们的认识，为今后寻求解决之道找到依据。如果说"社会住宅"是中国社会转型过程中的大规模可承受住房需求，那么对于处于特殊地位的"老人住宅"的关注，则反映了《住区》对弱势群体住房需求的入微体察。我们在开篇特别策划了"中国新住区论坛——2009年长者住屋论坛"作为对2009年第4期《老人住宅》的延续与补充，也希望对"老人住宅"的探索和研究能够一直继续下去。

住房不仅仅是商品，同时也包含着社会属性。无论是针对大规模中低收入人群的"社会住宅"，抑或老龄化背景之下的"老人住宅"，都应是全社会关怀住房问题的具体体现。"以人为本、和谐社会"不应只是一句口号，这也是《住区》向来关注的论题。

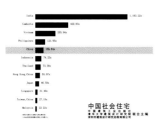

图书在版编目（CIP）数据

住区.2009年.第6期/《住区》编委会编.
—北京：中国建筑工业出版社，2009
ISBN 978-7-112-11643-0
Ⅰ.住… Ⅱ.住… Ⅲ.住宅-建筑设计-世界
Ⅳ.TU241
中国版本图书馆CIP数据核字（2009）第 219423 号

开本：965X1270毫米 1/16 印张：7½
2009年12月第一版 2009年12月第一次印刷
定价：36.00元
ISBN 978-7-112-11643-0
(18889)
中国建筑工业出版社出版、发行（北京西郊百万庄）
各地新华书店、建筑书店经销

利丰雅高印刷（深圳）有限公司制版
利丰雅高印刷（深圳）有限公司印刷
本社网址：http://www.cabp.com.cn
网上书店：http://www.china-building.com.cn
版权所有 翻印必究
如有印装质量问题，可寄本社退换
（邮政编码 100037）

目录

特别策划 | Special Topic

04p. 中国新住区论坛 — 2009年长者住屋论坛
China New Community Forum 2009 Elderly Housing Forum
住区
Community Design

主题报道 | Theme Report

14p. 中国住房体制改革进程中的经济适用住房政策研究 — 以北京经济适用住房为例
Economically Affordable Housing Policies Study in the Progress of China's Housing Reform: Focus on Beijing Cases
王伊倜
Wang Yiti

22p. 北京市经济适用住房有限产权的政策分析
Policy Balance between the Low-income Owners and the Government: Withdrawal Management of Economically Affordable Housing in Beijing
麦贤敏
Mai Xianmin

28p. "看不见"的回龙观 — 回龙观流动人口居住与工作状况调查
"Invisible" Huilongguan Analysis On Floating Population's Inhabitation And Working Situation Of Huilongguan
李荣欣 张璐
Li Rongxin and Zhang Lu

37p. "小产权房"与住房福利及其合法化探讨
"Minor Property Right Housing", Its Relationship with Housing Welfare and Its Legitimization
黄斌
Huang Bin

42p. 越南城市自建房的发展与住房可支付性问题
Housing Affordablity and the Role of Self-Reliant Housing in Vietnam
黎皇兴
Li Huangxing

48p. 英国出租私房的复兴政策与实践：20年来的经验与启示
Reviving the private rented sector in UK housing: Review of policy and practice 20 years on
禤文昊
Xuan Wenhao

56p. 大城市住房市场的空间分割及其政策意涵 — 基于厦门市的实证研究
Spatial Segmentation of Metropolis Housing Market & its policy implication — Case of Xiamen city
彭敏学
Peng Minxue

地理建筑 | The Architecture of the Geography

68p. 文化碰撞处的维吾尔族土庄——麻扎村
Mazha Village - A Uighur Village Where Cultures Meet
汪 芳 朱以才
Wang Fang and Zhu Yicai

73p. 古道驿站——丙中洛五里村
A Stage on An Ancient Route - Wu Li Village in Bing Zhong
汪 芳 朱以才
Wang Fang and Zhu Yicai

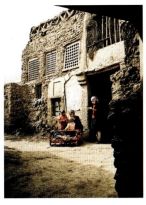

住区
COMMUNITY DESIGN

中国建筑工业出版社
联合主编: 清华大学建筑设计研究院
深圳市建筑设计研究总院有限公司
编委会顾问: 宋春华 谢家瑾 聂梅生
顾云昌
编委会主任: 赵 晨
编委会副主任: 孟建民 张惠珍
编委: (按姓氏笔画为序)
万 钧 王朝晖 李永阳
李 敏 伍 江 刘东卫
刘晓钟 刘燕辉 张 杰
张华纲 张 翼 季元振
陈一峰 陈燕萍 金笠铭
赵文凯 邵 磊 胡绍学
曹涵芬 董 卫 薛 峰
魏宏扬
名誉主编: 胡绍学
主编: 庄惟敏
副主编: 张 翼 叶 青 薛 峰
执行主编: 戴 静
执行副主编: 王 韬
责任编辑: 丁 夏
美术编辑: 付俊玲
摄影编辑: 陈 勇
学术策划人: 饶小军
专栏主持人: 周燕珉 卫翠芷 楚先锋
范肃宁 汪 芳 何建清
贺承军 方晓风 周静敏
海外编辑: 柳 敏 (美国)
张亚津 (德国)
何 崴 (德国)
孙菁芬 (德国)
叶晓健 (日本)
理事单位: 中国建筑设计研究院

中国建筑设计研究院
CHINA ARCHITECTURE DESIGN & RESEARCH GROUP

北京源树景观规划设计事务所
R-Land
北京源树景观规划设计事务所

理事成员: 胡海波

澳大利亚道克设计咨询有限公司
DECO
澳大利亞道克設計諮詢有限公司
DECO-LAND DESIGNING CONSULTANTS (AUSTRALIA)

北京擅亿景城市建筑景观设计事务所
SYJ
Beijing SYJ Architecture Landscape Design Atelier
www.shanyijing.com Email:bjsyj2007@126.com

理事成员: 刘 岳

华森建筑与工程设计顾问有限公司
华森设计 HSArchitects

理事成员: 叶林青

协作网络: http://www.abbs.com.cn
ABBS.com.cn 建筑论坛

CONTENTS

大师与住宅 — Design Master and Housing

78p. 西蒙·华勒兹的现代竹构实践 .... 惠逸帆
Simon Velez with his practising of modern bamboo construction — Hui Yifan

建筑实例 — Case study

84p. 建筑是市场的产品 .... 朱晓东
——北京艾瑟顿国际公寓设计
Architecture Is the Product of Market -
Atherton International Apartment Design — Zhu Xiaodong

住区调研 — Community Survey

90p. 行列式布局多层板式住宅组团中与居住单元位置相关的室内居住条件的调查 .... 韩孟臻 尹金涛
——以北京荷清苑小区为例
Investigation on Interior Living Conditions Related with Dwelling Units' Locations
in Multi-Story Row House Cluster with Parallel Layout
—— A Case Study of Heqingyuan Residential Quarter, Beijing, China — Han Mengzhen and Yin Jintao

95p. 中小套型住宅实态调查研究分析 .... 梁树英 翁 季
——以重庆市为例
The survey on middle/small houses
A case study of Chongqing — Liang Shuying and Weng Ji

住宅研究 — Housing Research

100p. 与大海共舞的精灵 .... 叶晓健
——威海市金线顶地段整体改造项目城市设计中的环境保全型设计手法
Dancing with Ocean
Environment Oriented Design Methods in An Urban Design Project in Weihai City — Ye Xiaojian

108p. 论建设高品质大众住宅的规划策略 .... 薛 峰 张 伟
On Planning Strategies of High Quality Mass Housing — Xue Feng and Zhang Wei

112p. 住区外部空间环境设计浅析 .... 邓曙阳 李晓智
On Outdoor Space and Environment Design in Housing District — Deng Shuyang and Li Xiaozhi

封面: 房价与国民人均收入的比例(倍)
资料来源: www.globolpropertyguide.com, 2009年02月数据

中国新住区论坛
——2009年长者住屋论坛
China New Community Forum
2009 Elderly Housing Forum

住区 Community Design

2009年10月29日下午，由中国建筑工业出版社、香港房屋协会、清华大学建筑设计研究院主办，《住区》杂志及清华大学建筑学院住宅与社区研究所承办的"2009年'长者住屋'论坛暨《香港住宅通用设计指南》图书首发式"在清华大学设计中心绿色报告厅举行。

会上，香港房屋协会行政总裁兼执行总干事黄杰龙、中国建筑工业出版社总编沈元勤、清华大学建筑设计研究院院长庄惟敏共同启动水晶球，为《香港住宅通用设计指南》一书揭幕。《香港住宅通用设计指南》由香港房屋协会编著，旨在为香港住房建设中的通用设计提供指南，增强住房的适应性，增进老年及残障人士的福祉。此次由中国建筑工业出版社在大陆出版，对于住房通用设计原则的实施必将起到推动作用。

论坛由清华大学建筑设计研究院庄惟敏院长、刘玉龙副院长共同主持，住房和城乡建设部住房改革与发展司司长冯俊致辞。全国老龄工作委员会办公室国际部主任肖才伟、清华大学建筑学院教授周燕珉、香港房屋协会行政总裁兼执行总干事黄杰龙分别作主题演讲。

全国老龄工作委员会国际部主任肖才伟从中国人口老龄化的现状和发展趋势、养老模式的发展与变化、今后一段时期我国老龄工作的重点、"老年友好型城市"与"老年宜居社区"建设等方面介绍了中

国养老问题、政策要点与解决方案，为理解中国的老人住房问题提供了一个宏观视野。清华大学建筑学院周燕珉教授多年从事老年住宅设计的研究和实践，具有丰富的理论与实际经验，她总结了目前居住社区和住宅设计中存在的忽视老年人需求与特点的问题，通过养老院设计和老人住宅设计的具体实例，提出了相应的对策和建议。香港房屋协会是香港专门致力于提供老人及低收入住房的非营利机构，黄杰龙在演讲中详细介绍了香港的老人住房问题与政策，香港房屋协会运营下的长者住屋计划，并且通过国外的实例展示了老人住房问题和解决方案的最新发展趋势。

三位演讲者的介绍使大家对老年居住产业从政策、规划设计等层面，以及香港、国外的情况有了一定的了解。

论坛为了深入展开对中国养老政策、制度、现状、问题以及未来发展等方面问题的讨论，特别设置了讨论环节。邀请到北京乐城老年事业投资有限公司顾问、原资深老人院院长赵良羚女士以及北京太阳城房地产开发有限公司董事长助理张斌先生与同三位主讲嘉宾，以及论坛现场150多名设计单位、研究单位、开发企业的代表共同开展了深入的讨论和交流。

2009年长者住屋论坛

下面我们将讨论的精彩片断整理刊登，以飨读者。

在老人住宅的设计层面，有多年老人院工作经验的赵良羚院长，结合自己的工作经验，谈了她的感受。她强调要注重老年人的个性化需求；养老机构内部功能设置需结合后期运营定位；居家养老在中国最受欢迎。

赵良羚：从我刚开始从事老年工作的1986年到现在，老人住宅的理念一直在不断提升。现在国内出现了一些先进的理念，从细节出发，关注老年人的个性化需求。比如老年人耳朵不好，房间设可视性门铃，通过在床边或者门旁的一个视频窗口，老人可以清楚地看到门外的情况；专为老人设计的整体浴室，类似普通的淋浴房，但是它的边缘为橡胶材料，踩上去是扁的，不踩是竖的，既能防水，又不会绊倒老人等。

随着高龄化程度不断提高，老年人的需求也会越来越高，越来越个性化。为提高老年人生活质量，我们应该好好琢磨，深入贴近老人的生活，了解他们需要什么。我接触过很多老人，很多爱读书的人，都喜欢把书摆在床边，我们能不能在床边设计一栏书柜？所以说这个行业有很多东西是需要我们贴近老人的生活去体会、琢磨的。

我参与了北京第一福利院、第五福利院的筹建工作，并担任院长。从实际工作经验来看，我认为养老院内部功能的设置，既与管理有关，又跟老人动线有关，也跟运营成本有关。如果一个养老院建成之后再让经营者去补充一些辅助设施，那是很有难度的。周燕珉教授曾经跟我说过，老人院的房间布局应该像医院一样，扇形的，从服务台到每个老人的房间都是同等的距离，非常快捷。我参观了301医院的外科大楼，服务区和护士台在中间，抢救室医疗室也是通的，但医院是一圈房子，没有南北向，而养老院是要长期居住的，中国人习惯朝南的住宅，能够保证日照，朝西朝东的房子就不好卖，所以机构设置一定要和今后的运营定位结合起来考虑。

我的第三个体会，虽然现在在提9073（即90%"家庭养老"、7%"居家养老"、3%机构养老），但居家养老肯定是最受欢迎的。居家养老的社区大多是一站式服务，希望今后政府的政策能规定地产商在一片住宅区里设置一定的养老设施。比如在新加坡，每个小区里面都有健身房、护理中心、娱乐中心，由走廊连接，不论日晒雨淋，老年人不用打伞就能很方便地走到公共汽车站。

"在老年产业实践中，这个行业看上去很美，但是实际上有一个矛盾点，即在解决社会养老的过程中，作为商业机构怎么样考虑盈利呢？"来自北京太阳城集团的张斌先生提出了开发商心中考虑已久的问题。社会责任与商业盈利一直是开发商需要平衡的两面，鱼和熊掌是否能兼得呢？

张斌：北京太阳城是2000年左右在北京开发的30万m²的住宅用地，当时的形式是按房地产开发，但市场定位是针对老年人，尤其是退休之后的老年人。在将近10年的开发过程当中，我们逐渐摸索到老年住宅实盘的操作经验，到现今房地产开发的功能逐渐淡化了，因为商品房已经销售完了，剩下的是公建设施，有太阳城医院，两栋老年人租住的公寓，老年教育中心、文化中心、商业广场，还有老年人中医医疗机构国医堂。现在北京太阳城逐渐从房地产开发演变成老年租住的形式。作为一个商业性机构，我们有一个思考，在老年产业实践中，这个行业看上去很美，但是实际上在10年的操盘经验中有一个矛盾，即大量的投入并没有产生效益，或者产生效益的过程非常慢。过程中也有一些国际的风险投资机构跟我们接触，想把这个行业做大做强，但是深入到实际当中发现有一些问题，投入很大，产出很慢，甚至是微利。按理说应由政府解决相应的配套政策，而中国目前的实际情况并不是这样，多是一些机构奉献爱心。在解决社会化养老的过程中，作为一个商业机构怎么样考虑盈利呢？这个行业怎么让各界得到实惠还需要社会深入的思考。

黄杰龙：项目为什么不赚钱，主要是政策的原因。在香港因为我们是新的项目，没有别的发展商试过，政府也没有正规的土地政策。政府规定30万～60万的入住费，这个不能涨，如果发展商想发展一个长者房屋，除非政府可以提供优惠地价，将其作为财务的预算，这样开发商才会有兴趣投入。还有一个原因就是一般的长者对每分每毫都很计较，他们现在每月交1000元的管理费，包括保管、保洁、楼宇的保养等，这个保养费用肯定每年都涨，但是要增加管理费，他们就暴动了，长者们有钱，但是他们不愿意多付哪怕一块钱，以后怎么解决呢？可能入住的时候就另外交一大笔按压金，钱不够的时候可以从那补贴。不过香港房屋协会开发的"乐颐居"项目在2004年才开始，到现在也只有5年时间，现在说不赚钱还是早了一点。

张斌：首先明确一点，我们现在经营不是不赚钱，而是微利，或者说盈利的速度比较慢。因为我们是综合性的集团公司，现在其他的行业挣钱很快，效益很好，我们必须拿出一部分收益来补贴这个项目。在老年租住公寓的项目盈利实际上还有一个心理障碍，中国人对老年人很尊重，从内心并不想设立各种名头赚钱，但我们是商业机构而不是慈善机构，项目用地国家不提供无偿划拨，在土地和其他投入上就非常大，因此必须考虑盈利点。一方面我们要把良心摆出来，另一方面还要昧一点良心赚钱。我们在做这个项目的时候，内心感觉很幸福，但一谈到回报的时候就很痛苦。希望将来老年政策制定方面，能从社会化和企业化的矛盾上多多加以考虑。

赵良羚：养老行业是一个低利润、周期非常长的行业，开发商必须有一个回报社会的心态。周期长和利润低也跟项目的规模以及品质高低有关系，北京市有300多家养老院，30%是社会化的养老院。因为养老院是劳动密集型的服务行业，一个人照顾两个老人与照顾8个、10个人质量是不一样的，那种规模小、居住条件差的，只有依靠降低投入成本、减少劳动力来缩短投入产出周期。就像肖主任说的，中国老年市场化运作政策缺失，一方面鼓励社会办养老院，一方面投入又没有产出；企业申请非盈利机构，不准分红、不准设立分支机构，产权注销后归公益事业，没有开发商愿意做。国办的养老院，资金相对丰厚，政府划拨土地，投资、开办都是政府做，运营按人头拨款，如果要维修还可以申请专项资金；但是民办的养老机构就差得远了，首先没有地——香港地价那么贵，还给你(黄总裁)地——地要买，房子要自己盖，开办费要自己拿。在第五社会福利院，一张床位的成本大概2500元／月，只收1500元／月。当时刘淇跟我们开会，说老刘你1500元一个月住得起吗？那么我们只好降到1200元。一直到2006年才开始涨，现在涨到1500元。现在的养老机构65%以上是国办、街道办的，这么低的价格没有真正体现它的成本，扭曲了老年行业的市场化运作，民办的养老院怎么办？办高档的机构投入就更大。比如说寿山福海700张床，前期投入7000万，什么时候可以收回成本啊！那么为什么还有很多人愿意做，就等着我们的政府出政策，投入必须产出，必须分红，物权必须属于他自己。

中国养老模式由传统的政府大包大揽到目前一方面国家起主导作用，另一方面鼓励社会、民营企业进入，这是中国从计划经济转到市场经济的过程中，政府的职能转变的重要表现。对企业在养老产业中的"社会责任、商业盈利"的考虑，一方面呼吁中国养老市场化政策的出台，一方面需要开发商从自身理念与管理入手，优化盈利模式。

肖才伟：现在，一方面国家看到了老年人的需求，很多老年人都希望入住机构养老，政府也希望解决老年人的问题。另外一方面，从计划经济转到市场经济，政府的行为也在转变。过去是政府全包下来，只有政府办养老院，没有民间办；现在面对这么大的需求，只靠政府肯定做不好的，所以国家现在也是一方面主导，另一方面鼓励社会，鼓励私营资本进入。

但是目前有这个思想和计划，政策还没有出台，大家也应该理解。因为政策是刚性的，一旦出台不可能变来变去，所以需要一段时间的论证和考虑。老龄产业应该是一个方向，也是一个趋势，那么不赚钱为什么大家都往这个产业靠，我觉得这是企业家的眼光，特别说应该是中国企业家的眼光。我也跟一些企业接触，他们确实认为现在老龄产业投资周期比较长，尤其是大型的项目，投资大回报慢。要做老年公寓，投资成本在8年甚至10年以上才能有回报。但是我们企业家一是有长远的眼光，另外是有社会责任，比如说太阳城的投资者，他们就是因为自己家里的父母有很多的困难，晚年没有人照顾，于是决定办一个养老的机构。

现在中国老龄产业还是空白，谁占领了这个舞台，今后发展的空间应该是非常大的。所以我们还是鼓励有眼光的企业家来积极投入到中国的老龄产业，帮助、协助政府发展老龄产业。政府的行为也好，企业的行为也好，会随着市场的发展慢慢成熟，政府的政策迟早要出台，老龄产业也会越来越规范。

与会代表：谈到企业办养老机构的盈利模式，我有一点想法：即老年公寓完备的设施能够辐射到周边的人群。老人可以不住在公寓，但享受公寓的服务，晚上在家里住，白天在公寓吃，在公寓玩，医疗问题也能够在此解决。所以如果建在郊区就很难实现这个目的，只有建在社区中心，比如公寓本身能容纳300户，而周边有六七百户，这样从盈利模式上考虑，让大家认同你的理念和管理系统，就会被吸引过来。但是中国的老年产业，很多是在圈地，攀比档次和级别，却没有给予老年人家的温暖。还有一个我个人的体会，我们在很多社区做了调查，发现老年人不是不舍得花钱，而是对你不信任。只要能帮他管理好，建立信任关系后，老人们很愿意把钱给你，什么都不用管，好好地享受生活。

老年居住建筑需要特别的设计、特定的材料、特殊的工艺，是否在老年居住建筑的费用投入上很高？这是与会代表中材料供应商及成品设备开发企业关心的问题。

与会代表：我想请问在老人公寓设计的时候怎样考虑成本控制的问题。今天论坛的案例，更多的是针对高端人群，我认为我们应关注全社会的老龄人，不是富豪，也不是身价千万的老龄人，大多数的老龄人也希望享受到这么好的服务设施。

周燕珉——把钱移到有用的地方，整体的成本不会太高

老人住宅也好，针对老人的设施也好，我感觉成本不是特别的高。就像我家的例子，很多是一般住宅都应该有的，比如拉手，球状的和竖状的成本都差不多；还有门槛的问题，通常总想着防水、排水的问题，如果考虑老年人的使用就可以不设门槛；橱柜只不过下面空一块，不会增加什么成本；水池由于要考虑轮椅插入，反而变浅了，可能还会节省一点成本。可能价格差异较大的是医务电梯，这个特别贵；扶手也是这样，国内目前的扶手品种不是特别多，德国、日本针对老年人的多一些，还是比较贵的。如果今后国内生产的厂家多了，价格就会下降。另外一些普通住宅中使用很多豪华的大理石，其实对老年人来说不合适，把这些钱移到有用的地方，整体的成本不会太高。

赵良羚——靠我们自己琢磨，怎么方便怎么来

有一些东西要发挥我们中国人的聪明才智。比如要轮椅进出方便，房间的门必须做得大。刚才我看了一下，香港的洗浴室门可以拆，但不是双开门，要移门只能上面用吊轨，这就需进口；我就想是否可以采用双开门，中间不要咬缝，后面不要带锁，有一个链挂上就可以了，老人在里面一旦出了问题，在门外可以打开。我觉得还是靠我们自己琢磨，怎么方便怎么来。

老人最需要得到社会哪些方面的关心呢？是美轮美奂的居住环境？是高档的家具设备？是完善的医疗服务？或者是一壶清茶？几句问候？儿女共欢？三五老人的闲聊？我们每个人都将慢慢老去，我们设想什么是理想的老人生活？

与会代表——注重实用性，关注老人精神上的快乐

关于老年公寓的问题，我的体会有两点：第一，老年公寓不应该把硬件做得过于豪华，而更应注重实用性，现在很多开发商用豪华比较，我认为这是一个误区；第二，对于老人来说，重要的是他的心理和健康问题，他在精神上快乐与否，所以软件的设施首先让他觉得不只是为了住而来的。我认为符合中国国情的老年事业，一定要抛弃涉猎攀比，毕竟老百姓过的都是普通的日子。

黄杰龙——软件比硬件更重要

5年前我们开发的长者房屋，跟现在开发的长者房屋理念已经有一点不同：5年前我们想用硬件让老人感觉安全，比如扶手、平安钟、对开门等；现在我们的理念是用软件，让来这里的老人有回家一样的舒适感觉，譬如说把老人不喜欢看到的医院、康复中心全部设计到地下一层，一进住宅大堂首先看到漂亮的湖、健身房、餐厅。现在的长者希望老人院就像家，可以很安全，我们专门培训一个队伍，负责和研发的人沟通，我们认为软件比硬件还要重要。

养老模式中，我们是提倡老人社区、退休社区，还是混合社区？中国的老人结构和社会、文化环境决定养老模式异于其他任何国家，在宅养老成为中国政府提倡的方向，那在规划设计领域如何满足在宅养老的老人们呢？

与会代表——注重地域性和文化性

我是从香港来的，很荣幸可以参加今天的论坛。听到大家对老龄市场的发展这么关心，很荣幸自己也参与过一些设计，我也有一些经验给大家分享，比如我们在做建筑的时候会借鉴很多国外的手法、方式，但是应用在香港，未必就合适。比如说在外国如果要给老人一个家的感觉，他们会用地毯，但考虑到香港的气候，木地板反而更适合。虽然国外有很多好的例子，但实际应用起来，我们还是应该根据当地的文化和生活方式，用中国人独特的文化做建筑。完全引进外国的模式不一定适合中国人，我们要创造自己需要的东西。

与会代表——社区需要融合性的生活

2005年的时候我想去给老母亲买太阳城的房子，那年她已经79岁了，但是她不去，她认为太阳城老人社区的感觉非常强，觉得要被边缘化。现在老人特别不愿意离开一个真正的社区。我跟周燕珉老师2005年的时候在河南合作过一个项目，策划在里面做两栋老人公寓，而且是和幼儿园在一起，还设计了一个失学儿童帮扶中心。我们不是做噱头，而是确实觉得一个社区里需要这种融合性的生活。项目完工后很受市场欢迎，老人也愿意在这个社区里居住，因为可以离自己的子女很近，既在一个社区生活，又不会产生习惯上的冲突。按照生命周期来说，老人分三个周期，老年前期、老年中期和老年后期，通常一到60岁我们就划分为老人了，但是事实上很多60岁的老人还是非常活跃的。根据美国学者的一项研究，3万年前由于食物的变化出现了两代人，人的寿命增加了，社会就有文化，有传承，也和平了很多，容易实现积累，实际上老人是社区的财富。

我现在住的是万科的一个社区，里面有很多老人，大都是帮子女照料孙子或者外孙子，但住得不太理想，因为社区没有提供老人的住宅，跟子女同住，确实有生活方式、习惯上的冲突，也带来很多的不便。我想无论是从开发商的角度，还是建筑设计角度来说，一个融合性的社区，是会受到市场欢迎的。目前我们正在和海尔地产合作，做一个和谐住区开发建设的规划。我们觉得一个没有老人，或者老人不多的社区，抑或老人被边缘化的社区不能算真正意义上的社区，可以说从2000～2009年我们开发的住宅不叫社区，更像是社会——因为社会是契约的，社区是礼俗的，礼俗的才有交流、有上下辈。我们开发的小区也多是这样，这很大程度与规划设计、景观设计和市场的定位有关。刚才一位女士问盈利模式，这个模式有间接的，也有直接的。房子始终不是经济学意义上的利益，而是社会学和伦理学上的利益，开发商做得好是很了不得的。我们也在研究这个问题，也希望能够跟开发商、建筑师合作，真正做到2005年胡锦涛总书记在高级党校讲话的时候说的"社区是考验我们执政党能力的最关键的地方"。

肖才伟——退休社区

当然了，现在有一个新的理念，不叫养老社区，而是退休社区。一些很活跃、健康的老年人希望有自己的圈子，彼此有交流，有共同语言。例如在美国，很多人在年轻的时候，因为家里人比较多，所以买的房子也比较大；老年之后，老两口没有必要住太大的房子，于是他们到佛罗里达再买一套适合老年人居住的房子，叫做"退休社区"。还有在旧金山有一个地方，居住的老年人有一万多，于是那被开发成老年人城，还单独给了一个邮编。

肖才伟——鼓励居家养老，扶持机构养老，依靠社会与市场的力量

我觉得老年人的需求是方方面面的。我们的产业可以针对不同的老年人群设计，建造老人喜欢、适合老人的住区。国家的整体政策肯定是鼓励居家养老，还是让大多数的老年人住在自己的家和社区，这也是一个国际潮流。过去西方国家在经济比较发达、比较富裕的情况下，政府在郊区盖了很多的护理院，后来发现不现实，老人不愿意去，还是愿意跟社区住在一起。之后有一些国家，比如瑞典，他们在社区里面盖了护理院，但不脱离社区。考虑到老人在家里居住，需要社区的扶持，现在国家下了很大的力气，一些地方政府甚至比中央政府走得更快，中央制定一个全国性的政策需要很长的周期，地方政府可以根据当地的实际情况制定一些地方的扶持政策，鼓励社区为老人提供服务，政府投入一部分资金。还有一少部分老年人，一般国际通用的数据大概是占老年人口的5%，是需要护理的高龄老人，在机构养老才可以解决他们的需求，政府也会在机构方面有一些倾斜。

现在"十一五"规划有一个爱心护理工程，规划在全国建立一些示范性的护理机构，实际上就是为失能、不能在家居住的老年人考虑的。国家还会考虑建设示范性的养老机构。政府只能起到示范、带动、支持的作用，我想要解决老年人的实际的需求问题，还是要靠我们的社会，靠市场。

周燕珉——转变理念，社区应提供适合老人的户型

现在大家都知道国家政策希望居家养老，我们最近也进行了一些研究。社区应该提供适合老人的户型，比如在住宅的一层，无障碍比较容易解决，又有老人喜欢的院子，另外卫生间和厨房都应照顾到老人的特殊要求；还有一些老少屋，大家住在一起，互相帮助；另外在社区里面设置老人公寓也是挺好的，可以通过公寓的形式，解决不想与子女同住的老人的居住问题。老年公寓和青年公寓可以互换，因为都是小户型，刚建设小区的时候青年人比较多，可以出租给青年人；随着老人数量的增加，也可以变成老人住的公寓。我建议这种公寓或者小区的会所可以针对老年人，提供功能性的服务。比如会所里应提供适合老人交流的场所，另外有一部分作为护理功能，老人们白天可以去吃饭、洗澡。没必要设置特别豪华的设施，年轻人没有时间玩，老人玩也不适合。把会所更加积极地利用，其功能可以代替老年活动中心。同样道理，一个小区里面有很多地方都可以针对老人需求来做，包括园林的设计。与普通小区相比，主要是理念的差别，房子的比例、面积不同，内容上更加适合老人的设计。现在总的趋势是社区的老人越来越多，政府也会出台相应的政策，主要是时机的问题。

老年人问题，既是规划和设计问题，也是管理和运营的问题，更是政策和社会问题，所有的这些问题最终都落实到细节上，这个也跟我们社会从粗放的发展到重视细节和精细化的发展相对应的。福柯曾经说过"我们不能把失能人变成注视的对象"，就是说我们不能把这部分人隔离开，那样的话，社会是不完整的。今天"长者住屋"论坛和《香港住宅通用设计指南》，既是针对老年人的问题，也是针对全社会居住的通用问题。

老龄化社会的到来是必然的，只是时间问题，也是我们必须面对的问题。一个老人从能到失能也许是个漫长的过程，从住宅到老人院、护理中心，再到医院及临终关怀，对应的有不同层次的老年设施，怎样寻找这些设施之间的平衡，布局规划上需要研讨和前瞻的观点，可能是今天论坛重要的目的之一。相信随着将来的实践越来越多，我们会有更多的收获。

主题报道
Theme Report

中国社会住宅
Chinese Social Housing

- 王伊俏：中国住房体制改革进程中的经济适用住房政策研究
    ——以北京经济适用住房为例
  Wang Yiti: Economically Affordable Housing Policies Study in the Progress of China's Housing Reform: Focus on Beijing Cases

- 麦贤敏：北京市经济适用住房有限产权的政策分析
  Mai Xianmin: Policy Balance between the Low-income Owners and the Government: Withdrawal Management of Economically Affordable Housing in Beijing

- 李荣欣 张 璐："看不见"的回龙观
    ——回龙观流动人口居住与工作状况调查
  Li Rongxin and Zhang Lu: "Invisible" Huilongguan Analysis On Floating Population's Inhabitation And Working Situation Of Huilongguan

- 黄 斌："小产权房"与住房福利及其合法化探讨
  Huang Bin: "Minor Property Right Housing", Its Relationship with Housing Welfare and Its Legitimization

- 黎皇兴：越南城市自建房的发展与住房可支付性问题
  Li Huangxing: Housing Affordablity and the Role of Self-Reliant Housing in Vietnam

- 禤文昊：英国出租私房的复兴政策与实践
    20年来的经验与启示
  Xuan Wenhao: Reviving the private rented sector in UK housing: Review of policy and practice 20 years on

- 彭敏学：大城市住房市场的空间分割及其政策意涵
    ——基于厦门市的实证研究
  Peng Minxue: Spatial Segmentation of Metropolis Housing Market & its policy implication Case of Xiamen city

挪威Husby Amfi合作社住宅

中国住房体制改革进程中的经济适用住房政策研究
——以北京经济适用住房为例

Economically Affordable Housing Policies Study in the Progress of China's Housing Reform: Focus on Beijing Cases

王伊倜 Wang Yiti

[摘要] 本文将经济适用住房政策放在整个中国住房体制改革进程中,从经济适用住房在实践中产生的问题出发,首先梳理了经济适用住房政策演变的四个阶段及其主要政策法规。在此基础上,就经济适用住房政策中的若干问题,包括供给、分配和可支付性、覆盖人群以及建设监管等,利用1997~2007年的全国统计数据和北京统计数据进行了分析。文中选择北京市作为一个典型案例,用北京经济适用住房的相关数据作为分析的依据。最后得出结论:在住房体制改革中,经济适用住房政策导向在不同历史阶段的不同,导致其定位不明、政策不稳定,这是长期以来经济适用住房产生一系列问题的重要原因。

[关键词] 中国住房体制改革、经济适用住房政策、北京

Abstract: *Accompanied with China's housing reform, Economically Affordable Housing is confined a sort of commercial housing under special policy, thus it has to promote both market-oriented housing system and social security system. This article reviews the policies of Economically Affordable Housing since 1994, and points out it played different roles during the four periods, according to China's Economic Institution Reform and housing reform. Based on the national statistics and Beijing statistics, some policy issues are analyzed, such as the supply, allocation, affordability, access and governance. Finally, it is concluded: In different historical periods, the role between commercial housing and social security housing, which also brought in other policy issues (i.e. the corresponding policies instability), is just an important reason for a range of issues in the projects of Economically Affordable Housing.*

Keywords: *China's Housing Reform, Economically Affordable Housing, Beijing*

一、引言

经济适用住房是伴随着中国住房体制改革出现的,是一种享有特殊政策的商品住房,因此兼具推动住房制度市场化和提供社会保障的双重任务。改革开放以来,中国的住房体制从绝对的公有制和福利供给制,急速转变为以市场为导引的体系(彼得·罗,2005)。

1998年,国务院发布《关于进一步深化城镇住房体制改革加快住房建设的通知》(国发[1998]23号),正式停止住房实物分配制度,面向中低收入家庭的经济适用住房和面向高收入家庭的商品房的双轨制住房体制被正式确立。

此后，经济适用住房在政策上成为住房供给的主体，其有别于公房出售的市场运作方式有效推进了住房市场化和住房产业化的进程。2003年8月，《国务院关于促进房地产市场持续健康发展的通知》（国发[2003]18号）首次明确了经济适用住房的性质"经济适用住房是具有保障性质的政策性商品住房"，并肯定了房地产业作为国民经济支柱产业的地位。在实际建设中，商品住房的建设规模要比经济适用房的规模大得多，以北京为例，其经济适用房的销售面积仅占商品住房的13.7%（各年平均值），商品住房已经成为解决住房问题的主体。这种结果与23号文"建立和完善以经济适用住房为主的住房供应体系"的目标出现了错位，也使得经济适用住房的可支付性与保障性受到广泛质疑。甚至有学者认为，随着公屋出售的福利制度逐渐退出住房供给，越来越多的低收入居民被剥夺了拥有合适住房的机会（SI-MING LI, YOUQIN HUANG, 2006）。

本文从历史的角度出发，梳理了自1994年以来的经济适用住房政策发展，指出在4个不同的时期内，根据中国经济体制转型和住房体制改革的不同要求，经济适用住房政策在政策作用的定位上有所差异。结合1998年以来北京的经济适用住房项目在实践中的问题，总结了上述政策指导下的实践产生的问题，包括经济适用住房的政策定位、供给、分配以及建设监管和规划设计等方面。最后指出：在不同历史阶段，经济适用住房的一般商品性和社会保障性得到了不同程度的强调，从而带来了其在住房体系中的定位不明确、相应政策不稳定、具体实施办法滞后等问题，这些是导致经济适用住房实践中一系列问题的重要原因。

二、经济适用住房政策演变

1. 经济适用住房的提出——1994～1997年

1985年，国家科委蓝皮书《城乡住宅建设技术政策要点》中就曾提及"根据我国国情，到2000年争取基本上实现城镇居民每户有一套经济实惠的住宅"。1991年6月，国务院在《关于继续稳妥的推进城镇住房制度改革的通知》（国发[1991]30号）文件中提出"大力发展经济适用的商品住宅，优先解决无房户和住房困难户的住房问题"。

1994年7月，《国务院关于深化城镇住房制度改革的决定》（国发[1994]43号文）中首次明确提出"经济适用住房"的提法："建立以中低收入家庭为对象、具有社会保障性质的经济适用住房供应体系和以高收入家庭为对象的商品房供应体系"。

经济适用房的提出实际上是中国从改革开放以来推行的"城镇住房制度改革"一个阶段性的总结。在大的社会经济体制改革背景下，从1978年邓小平首次谈到解决住房问题要拓宽思路开始，中央政府就在摸索中推行住房制度的市场化（商品化）。

2. 经济适用住房的深化与实践——1998～2002年

1998年7月，《国务院关于进一步深化城镇住房制度改革、加快住房建设的通知》（国发[1998]23号）被普遍认为是中国新住房体制确立的标志，它提出：停止住房实物分配，逐步实行住房分配货币化；建立和完善以经济适用住房为主的多层次城镇住房供应体系；发展住房金融，培育和规范住房交易市场。这一政策出台的一个重要背景是1998年亚洲经济危机对中国经济的冲击，对外贸易形势恶化，国家力图通过扩大内需来刺激经济增长，住宅产业由此受到重视。而当年新兴的房地产业也确实有效拉动了内需，帮助中国迅速走出了1998年的经济危机。

1998年之后，经济适用住房真正进入实践阶段，国家共下达三批经济适用房（安居工程）建设投资计划和信贷计划，建设规模21242.86万m²，投资总规模1703.3亿元[1]。随着23号文的出台，1999年北京市公布了19个经济适用住房项目，正式拉开了经济适用住房建设实践的序幕。

3. 明确经济适用住房的定位——2003～2005年

2003年8月，《国务院关于促进房地产市场持续健康发展的通知》（国发[2003]18号）肯定了房地产作为国民经济支柱产业地位，提出"完善住房供应政策，调整住房供应结构，逐步实现多数家庭购买或承租普通商品住房"，首次明确了经济适用住房的性质"经济适用住房是具有保障性质的政策性商品住房"。18号文对于普通商品房作为主体供应的态度,被认为是2004～2005年房地产信贷持续上升、房地产市场过热的一个重要原因。

同年国家发展和改革委员会、建设部、国土资源部下发的《关于下达2003～2004年经济适用住房建设投资计划的通知》(发改投资[2003]492号)中再次重申"经济适用住房是具有保障性质的政策性住房,是解决中等偏下收入家庭住房的重要途径,也是扩大内需,拉动经济增长的重要政策之一"。自此形成了以市场为主的普通商品房和以政府为主导的政策性住房(主要以经济适用住房和廉租住房为主)的双轨制住房供应体系。

2004年初,《关于印发〈经济适用住房管理办法〉的通知》(建住房[2004]77号)颁布实施。这是由中央政府颁布的第一个经济适用住房管理办法,对经济适用住房的基本概念、分配对象、优惠政策、价格构成、建设标准、管理主体与职责、组织运作方式、准入程序、退出机制(再上市交易管理)、产权规定等诸多方面作了具体的规定。

4. 重新审视经济适用住房的保障性——2006年至今

2006年5月,《国务院办公厅转发建设部等部门关于调整住房供应结构稳定住房价格意见的通知》(国办发[2006]37号)针对住房供应结构不合理、住房价格过快上涨等房地产市场面临的问题,提出"加快城镇廉租住房制度建设","廉租住房是解决低收入家庭住房困难的主要渠道",并且要"规范发展经济适用住房","真正解决低收入家庭的住房需要"。

2007年8月,《国务院关于解决城市低收入家庭住房困难的若干意见》(国发[2007]24号文),针对"城市廉租住房制度建设相对滞后,经济适用住房制度不够完善,政策措施还不配套,部分城市低收入家庭住房还比较困难",提出了"加快建立健全以廉租住房制度为重点、多渠道解决城市低收入家庭住房困难的政策体系","城市廉租住房制度是解决低收入家庭住房困难的主要途径"。而"经济适用住房供应对象为城市低收入住房困难家庭,并与廉租住房保障对象衔接",并明确"经济适用住房属于政策性住房"的性质。"从供应对象来说,经济适用住房跟廉租住房是衔接的,都是低收入群体,经济适用住房主要是供低收入家庭购买的,廉租房是租的"[2]。

2007年11月,由建设部、发展改革委、监察部、财政部、国土资源部、人民银行、税务总局等七部门联合发布了新的《经济适用住房管理办法》(建住房[2007]258号),在延续上一版管理办法的基础上,增加了公示轮候制度、对于有限产权和再上市交易、商品住房小区中配套建设经济适用住房等相关规定,并重申了保本微利原则的重要性。

三、对经济适用住房政策的若干分析

1. 经济适用住房的供给问题

1995年以后,国家重新以一种计划经济的方式进行安居工程的建设,但安居工程项目持续时间短(1995～1999年),本身的建设量也很小(图1)。因此在很长一段时间里,实际承担住房保障任务的仍然是以单位为主体的福利分房制度。

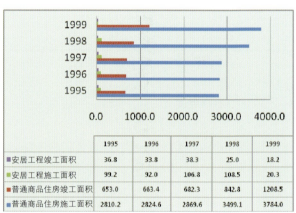

1. 1995～1999年北京安居工程和普通商品住房历年施工面积和竣工面积比较
(资料来源:北京市建设领域发展统计资料)

直到1998年23号文颁布,福利分房制度开始退出历史舞台,同年安居工程与经济适用住房并轨,经济适用住房被定位为住房供给的主体。2003年的18号文正式提出建立最低收入租赁廉租住房、中低收入购买经济适用房、高收入购买商品房三个层次的住房体系,并"逐步实现多数家庭购买或承租普通商品住房"。这被认为是对23号文住房供给主体的一次颠覆:商品住房才是住房供给的主体,而不是经济适用住房。

但不管在哪一个阶段,政策法规导向上规定以何种住宅为主要的供应对象,商品住房都在事实上成了解决社会住房问题的主体(表1、图2),并且成为国民经济的支柱产业。仅从北京市的数据就可以看出,商品住房的竣工面积从1999年的1208.5万m^2,增加到2005年的3770.9万m^2(2006年以后有所下降),6年间总量翻了大约3倍。住房市场的相关问题也演变成为全社会关注的焦点。

从时间上看,2004年不管是对普通商品房还是经济适用住房都是一个转折,这一年之前,不论是建设量还是投资额都是逐年上升的,此后建设量开始下降,经济适用住

1999~2007北京经济适用住房施工面积、竣工面积及完成投资与普通商品房比较　　　　　　　　　　　　　　　　　　　　　　　　　　　　　　　　　　　　　　　表1

年份	施工面积(万m²)			竣工面积(万m²)			完成投资(亿元)		
	商品房	经济适用房	占比	商品房	经济适用房	占比	商品房	经济适用房	占比
1999	3784.0	310.2	8.20%	1208.5	122.9	10.17%	421.5	28.0	6.64%
2000	4455.0	423.9	9.52%	1365.6	176.0	12.89%	522.1	37.9	7.26%
2001	5966.7	584.7	9.80%	1707.4	234.3	13.72%	783.8	59.0	7.53%
2002	7510.7	660.2	8.79%	2384.4	228.4	9.58%	989.4	66.9	6.76%
2003	9070.7	802.5	8.85%	2593.7	322.8	12.45%	1202.5	68.7	5.71%
2004	9931.3	793.2	7.99%	3067.0	298.8	9.74%	1473.3	72.6	4.93%
2005	10748.5	783.4	7.29%	3770.9	325.6	8.63%	1525.0	44.8	2.94%
2006	10483.5	551.9	5.26%	3193.9	270.1	8.46%	1719.9	44.7	2.60%
2007	10438.6	440.1	4.22%	2891.7	188.6	6.52%	1995.8	28.3	1.42%

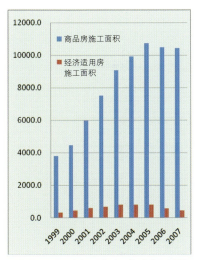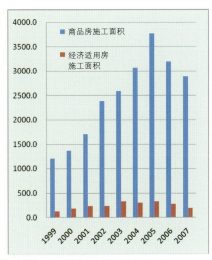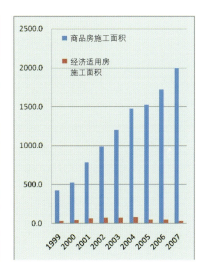

2.1999~2007北京经济适用住房施工面积、竣工面积及完成投资与普通商品房比较
(数据来源：北京历年统计年鉴)

房2004年的投资及完成情况更是达到了历史的低点。与全国经济适用住房建设情况作对比(图3)，可以看出，全国经济适用住房建设量同样出现了一个时间上的转折点，说明这一现象很有可能是在中央政策影响下产生的。

从2002年以后，中央和地方(北京市)出台了大量针对房地产市场的宏观调控政策，涉及规范市场、稳定房价、加强监管、限制土地供给以及金融等各个方面内容，形成了此后几年与住房相关的政策法规不稳定，政策导向模糊的局面。因此，以市场为主导的普通商品房在开发建设上产生很大的波动，而经济适用住房本身具有一定的商品性，又是通过市场化手段运作，因此经济适用住房的建设波动与普通商品房是一致的。另外，从2003~2007北京市经济适用住房划拨用地的面积上能够看出2004年有一个明显的波谷，这与经济适用住房施工、竣工和销售面积的趋势一致(图4)。政策不稳定导致2004年北京土地供给量突然下降，从而导致依赖土地划拨的经济适用房建设量大幅下降(表2)。

3.1997年~2005年全国经济适用住房新开工情况
(数据来源：历年中国统计年鉴)

4.1999~2007年北京市经济适用住房建设量，2003~2006年北京市经济适用住房划拨用地面积
（数据来源：历年北京市统计年鉴，历年北京市房地产年鉴）

中央法规政策中关于"经济适用住房"的定位和分配对象　　　　　　　　　　　　　　　　　　　　　　　　　　　表2

法规政策	基本定位和分配对象
《国务院关于深化城镇住房制度改革的决定》（国发[1994]43号文）	以中低收入家庭为对象，具有社会保障性质
《国务院关于进一步深化城镇住房制度改革、加快住房建设的通知》（国发[1998]23号）	以经济适用住房为主的多层次城镇住房供应体系，面向中低收入家庭
《国务院关于促进房地产市场持续健康发展的通知》（国发[2003]18号）	经济适用住房是具有保障性质的政策性商品住房
《关于印发〈经济适用住房管理办法〉的通知》（建住房[2004]77号）	经济适用住房指政府提供政策优惠，限定建设标准、供应对象和销售价格，具有保障性质的政策性商品住房
《国务院关于解决城市低收入家庭住房困难的若干意见》（国发〔2007〕24号文）	城市低收入住房困难家庭，并与廉租住房保障对象衔接
建设部、发展改革委、监察部、财政部、国土资源部、人民银行、税务总局关于印发《经济适用住房管理办法》的通知（建住房[2007]258号）	经济适用住房是指政府提供政策优惠，限定套型面积和销售价格，按照合理标准建设，面向城市低收入住房困难家庭供应，具有保障性质的政策性住房。面向城市低收入住房困难家庭，供应对象要与廉租住房保障对象相衔接

（资料来源：笔者整理绘制）

2.经济适用住房的分配和可支付性问题

全国的经济适用住房建设从1997年开始，实际到2004年的《关于印发〈经济适用住房管理办法〉的通知》（建住房[2004]77号）才明确提出销售对象的准入资格。

在供应对象上，2007年以前经济适用住房定位在"中低收入家庭"，2007年以后定位在"城市低收入住房困难家庭"。这两个概念都没有明确的定义，目前的研究中，以"中低收入家庭"为主要研究对象的居多。从广义上讲，中低收入阶层是统计概念，包括国家或城市中收入统计中位于低收入和中等偏下收入两个阶层，一般理解为这一部分阶层的收入水平在全社会收入水平四分法的最低1/4层中（田东海，1998）。中国国家统计局城镇家庭收入分组方法将城镇家庭依户人均可支配收入由低到高排队，按照10%、10%、20%、20%、20%、10%、10%的比例依次分成：最低收入户、低收入户、中等偏下收入户、中等收入户、中等偏上收入户、高收入户、最高收入户等七组，这样所谓中低收入阶层就包括最低收入户、低收入户和中等偏下收入户，共占全部城镇家庭的40%。也有学者基于社会学社会阶层结构分层的研究，提出中国城市中，中下层和下层阶层分别占整个社会人口的32%和14%（张建明等，1998）。

北京市自1998年开始经济适用住房建设，2000年以前，北京市对经济适用住房销售对象没有严格的限制。对于经济适用住房销售对象的明确规定，最早出现在2001年颁布的《北京市城镇居民购买经济适用住房有关问题的暂行规定》中。其规定了经济适用住房的销售对象为家庭年收入低于6万元的无房户或住房未达标户。这些法律依据的制定滞后于经济适用住房建设和销售，初期实行时监管力度又比较弱，形成很多历史遗留问题。另一方面，经济适用住房的"经济性"，即可支付性也受到了广泛的质疑。

3000户城镇居民家庭基本情况（按收入水平分）（2007年） 表3

项目	全市平均	低收入户 20%	中低收入户 20%	中等收入户 20%	中高收入户 20%	高收入户 20%
调查户数（户）	3000	600	600	600	600	600
平均每户家庭人口（人）	2.8	3.1	2.9	2.9	2.8	2.6
平均每人年可支配收入（元）	21989	10435	15650	19883	25353	40656
平均每户年可支配收入（元）	61569.2	32348.5	45385	57660.7	70988.4	105705.6
平均每人年消费支出（元）	15330	9183	12196	15094	17747	23415
平均每户年消费支出（元）	42924	28467.3	35368.4	43772.6	49691.6	60879

（数据来源：2008年北京市统计年鉴）

与北京市建委公布的《经济适用住房申请条件》（2008）对比，城八区3人户的要求是年收入不得超过4.53万元/年（表3）。可以看出，北京经济适用住房在分配人群政策上与中央的政策一致，同样是以低收入户和中低收入户为主，约占整个社会人群的40%。按照2007年经济适用住房平均销售价格3007元/m²和目前我国住房套面积中位数70m²，来计算房价收入比。如果用中低收入户的年收入4.53万元/年计算则房价收入比大约在4.7左右，如果按照低收入户年收入计算则在6.0左右。根据国际经验，这一数值在3~6之间被认为住房是可支付的。从2001~2006年的北京部分经济适用住房价格分布来看，3500~4000元区间的住房大约占了1/4，一套3500元单价的经济适用住房需要花费大约24.5万元，对于位于社会底层20%这一部分的人群来说，压力仍然很大。可见，经济适用住房覆盖的主要人群还是20%~40%这一部分中低收入人群，并且与占社会5%的最低收入人群——也就是廉租住房——无法形成保障对象的衔接，显然这也与2006年以后诸多政策目标不相一致。

3. 经济适用住房的覆盖人群问题

除了解决中低收入人群的住房问题，经济适用住房还承担了大量特殊人群的住房要求。《北京市城镇居民购买经济适用住房有关问题的暂行规定》中就规定：夫妇双方都是机关工作人员或教师的家庭，以及市政府批准的重点工程中的拆迁户和政府组织实施的危旧房改造项目区异地安置的居民家庭不需核定家庭收入，凭证明就可购买经济适用房。2005年下半年，经济适用住房开始实行定向销售政策，优先定向供应解危排险、文保区、旧城微循环、城中村整治、奥运和市重点工程动迁居民。

在中国商品房房价位普遍偏高的情况下，在一段很长的时间里都存在着大型国企或事业单位购买经济适用房的情况，这些国企或单位把住房以实物分配的方式作为福利以较低的价位出售给单位职工，并根据职位提供相应的实物补贴。2003年颁布的《关于北京市机关事业单位职工住房补贴计发及有关纪律规定等问题的通知》（[2003]京房改办第078号）中明确指出行政机关公务员住房补贴建筑面积标准为：科级以下60m²；正、副科级，25年（含25年）以上工龄的科员、办事员70m²；副处级、25年（含25年）以下工龄的正、副科级80m²；正处级90m²；副局级105m²；正局级120m²。

北京市建设委员会对2001~2006年居民购买经济适用住房资格审核统计数据显示，国企职工以及机关和事业单位职工在购买人群中的比例仍然很大，这也说明经济适用住房本身仍然具有一定的福利分配性质（表4）。机关和事业单位职工所占比例在2005年以后明显增大，2005年以前通过审核的机关和事业单位职工占通过审核居民总数的比例在4%左右，2005年为23.7%，2006年为14.75%。

2001~2006北京市取得经济适用住房购买资格人群按身份分类 表4

审核居民分类	数量（人）	所占比例（%）
拆迁居民	42202	13
机关和事业单位职工	12162	4
国企职工	65479	21.4
非国企职工	194441	61
其他（部队、工作居住证等）	1981	0.6
总计	316260	100.00

（资料来源：北京市房地产年鉴2007）

关于企事业单位在住房分配中的角色，国内外学者作了大量的研究。杨鲁、王育琨把住房在国营企事业单位中的分配分为"三个层次"：高级的、大的、有实力的机关和企事业单位是高层次；地方的、一般的机关和企事业单位是中层次；小的机关和企事业单位则最不容易得到国家的住房投资机会（杨鲁、王育琨，1992）。在有投资渠道的企事业单位中，个人之间的住房分配原则是按照行政级别来进行的。有学者把申请环节中的对申请者的考量归结为"市场能力"、"位置能力"和"身份能力"的综合，"身份能力"在其中起着最为重要的作用（王军强，2007），这一部分人群的支付能力往往高于中低收入人群，所在单位又会提供补贴，因此企事业单位中的职工较中低收入人群更加容易获得经济适用住房。可见，传统体制中住房"官本位的行政分配方式"，就其本质来讲是不公平的。这也是中国住房市场区别于西方发达国家住房市场的一大因素：主导西方发达国家住房市场的主要因素是住房供给、住房分配以及住房的可支付性；而中国则是住房供给和住房资格(Housing qualification)，这两个都是由住房政策决定的(YOUQIN HUANG & F. FREDERIC DENG,2006)。因此在中国住房政策持续变化的过程中，经济适用住房的准入及其后的申请审查没有稳定的法律依据，导致优惠政策无法真正落实到保障人群。

4.经济适用住房的建设和监管问题

在经济适用住房的建设过程中，存在中央政府、地方政府(北京市政府)、开发建设单位、经济适用住房对象(包括符合标准和不符合标准的)等几个利益主体，其中前三个是住房供给的主体。国家和地方政府部门在经济适用住房建设中采取分层分级管理的方式，原则上经济适用住房的供给是"省级负总责，市县抓落实"[《国务院关于解决城市低收入家庭住房困难的若干意见》(国发[2007]24号文)]，中央政府和地方政府的具体分工是：国务院建设行政主管部门负责对全国经济适用住房工作的指导和实施监督；县级以上地方人民政府建设或房地产行政主管部门负责本行政区域内经济适用住房管理工作[新《经济适用住房管理办法》(2007.12)]。因此，实际进行建设和管理的主体是地方政府。《国务院关于深化城镇住房制度改革的决定》(国发[1994]43号文)中根据中共中央1993年6号文(《国务院办公厅关于转发国务院住房制度改革领导小组国家安居工程实施方案通知》)的精神，要求房地产开发公司每年建房总量中经济适用住房的开发要占20%以上。

由于经济适用住房的土地实行行政划拨，优先供应，并免收城市基础设施配套费等各种行政事业性收费和政府性基金，还存在经济适用住房项目外基础设施建设费用由地方政府负担等优惠政策，因此作为一个有着自身利益诉求的主体，地方政府也期望从新的制度安排中获得更多的收益。从增加财政收入、拉动地方GDP的角度，地方政府显然不具有建设经济适用住房的积极性。经济适用住房建设更多地是作为一种社会福利的体现，对地方政府来说，政绩收益要大于经济收益，通过经济适用住房这一"形象工程"可以将政绩与"形象"很好地集合起来，最大限度地凸现政府的努力和对中低收入阶层的关怀，从而获得社会公众的良好评价，并引起中央政府的关注。

2007年新的《经济适用住房管理办法》规定：按照政府组织协调、市场运作的原则，(经济适用住房)可以采取项目法人招标的方式，选择具有相应资质和良好社会责任的房地产开发企业实施；也可以由市、县人民政府确定的经济适用住房管理实施机构直接组织建设。由于经济适用住房的微利性质和保障性质，单纯依靠市场无法解决其供给，这时"大型骨干建筑企业"便成为经济适用住房建设的实际承担者。

这些开发企业凭借其特殊的背景，能够更加容易地取得土地开发权。而作为双方博弈的一部分，地方政府则要求这些开发企业承担一定的保障性住房的建设。国内房地产开发的最大支出始终是在土地的费用上(大约占到30%以上)，所以即使限制了开发商在经济适用房开发上的收益不能超过3%，对于开发建设单位来说，以划拨的形式取得土地进行开发仍然是有利可图的。但随着近年来建安费用等成本持续上升(现在的建安成本大约是1998年的两倍)，开发建设单位的成本上升，而经济适用住房实行价格管制，严格按照最初中标的价格进行销售，使开发企业的利润逐年降低；另一方面，2006年以后针对开发商囤地闲置的现象，国家出台了相应的惩罚措施，直接导致此后开发建设单位对于经济适用住房(包括后来的两限房)建设积极性大大下降，2007年北京的经济适用住房宗地首先出现了流标。

地方政府在转嫁经济适用住房建设成本和开发权利的同时，缺乏严格的监管机制，尤其是2007年(2007年，中央和地方出台一系列新的经济适用住房管理办法；北京市建委建立专门的审核机构和审核人员，对以往申请、审核等内容进行了调整)。以前，一些国有大型企业开发商手中往往握有部分经济适用住房的分配权利，导致寻租现象和违规操作的发生。对于政府来说，需要从立项到分配进行全程监控：在项目实施过程中要监管土地使用、建设质量、建设成本等；在销售过程中要监管销售对象、销售价格与利润等；销售后，还要监管房屋的转让交易等(颜哲陈、振榕，2006)，监管成本相当高。而且在这个过程中，政府与开发商还存在信息不对称的问题，因此地方政府没有足够的热情进行监管，也难以做到真正有效的监管。

四、结论

经济适用住房政策与中国1978年以后的经济体制改革和1984年以后的住房体制改革息息相关。在20世纪90年代，这一阶段的改革尝试是从"计划经济"向"有计划的商品经济"以及"社会主义市场经济"转变过程的大胆实验，提出"经济适用住房"是对原有实物福利分房体制的一种颠覆。其根本目的是"建立与社会主义市场经济体制相适应的新的城镇住房制度，实现住房商品化、社会化；加快住房建设，改善居住条件，满足城镇居民不断增长的住房需求"。在实际的操作和建设过程中，经济适用房在住房制度改革初期的主要作用是推动住房商品化，带动房地产市场发展。曾参与当年房改政策制定过程的中国房地产及住宅研究会副会长顾云昌指出，启动房改的最初动机就是要使房地产业成为国民经济发展的支柱产业。也有学者(曹建海，2008)指出，1998年面临亚洲金融风暴，国家主要通过住房、医疗和教育刺激消费。当时的建设部副部长宋春华亦明确表示"经济适用住房要按市场规律运作"，"经济适用住房与市场价商品房都属于商品房的范畴，所不同的只是政府是否给予优惠，是否限定价格，是否控制销售对象等。经济适用住房既然是商品房，就应按市场规律去运作，用市场经济的方法组织建设，通过竞争，通过招投标，降低成本、提高质量、提高效益"。因此这一时期经济适用住房的政策目标更加偏重住房商品化的推动作用，而实际担任保障作用的仍然是计划经济体制下的福利性公房体系以及少量的安居工程项目。

1998年以后，停止公房出售，安居工程与经济适用住房并轨。另一方面，面向最低收入人群的廉租住房建设举步维艰(廉租住房项目在北京仅有一个集中建设的小区，建设面积约3万m²，约提供了400套廉租房)，经济适用住房实际上承担了住房保障的作用。此后经济适用住房一直通过市场化运作实现社会福利，而在实际操作中一群"有谋利目的"的利益集团去追求"无谋利目的"的目标(汪淑珍，2005)，导致公房出售的福利制住房分配制度退出住房供给之后，经济适用住房没有起到住房保障的政策作用。

经济适用住房自诞生以来就具备一般商品住房的共性和保障性住房的特性。在不同历史阶段对它的不同定位导致了针对经济适用住房的政策目标不断变化，作为建设和管理依据的政策法规缺乏稳定性，这是导致经济适用住房一系列历史遗留问题的主要原因。经济适用住房是中国在经济社会改革过程中的特殊产物，是具有过渡性质的住房类型，但它在城镇住房制度改革过程中起到了不可替代的作用。从目前住房保障政策和各地的住房建设规划来看，未来经济适用住房还将在一段时间里长期存在。

注释

1. 参考朱剑红. 今年第三批经济适用住房计划下达规模1.05亿m² 投资逾800亿元. 人民日报，1998.08.30

2. 2007年9月18日，建设部住宅与房地产业司司长沈建忠接受中国政府网专访，谈"多渠道解决城市低收入家庭住房问题"时提及相关内容。

参考文献

[1] 汪淑珍. 论经济适用房政策中的政府失灵. 北京科技大学学报(社会科学版)，2005(4)

[2] 颜哲，陈振榕. 经济适用房建设的委托代理问题分析. 住房保障，2006.303(3).46~48

[3] Li, Si-Ming and Huang, Youqin. 'Urban Housing In China: Market Transition, Housing Mobility and Neighbourhood Change', Housing Studies, 2006.21.5.613~623

[4] Huang, Youqin and Deng, F. Frederic. 'Residential Mobility in Chinese Cities: A Longitudinal Analysis', Housing Studies, 2006.21.5.625~652

[5] 田东海编著. 住房政策：国际经验借鉴和中国现实选择. 北京：清华大学出版社，1998

[6] 关柯，芦金锋，曾赛星. 现代住宅经济. 北京：中国建筑工业出版社，2002

[7] 吕俊华，彼得·罗，张杰编著. 1840~2000中国现代城市住宅. 北京：清华大学出版社，2005

[8] 王军强. 廉租房制度的演变与实践[硕士学位论文]. 北京：清华大学，2007

[9] 苏腾. 规划政策的系统动力学分析——以北京住房市场为例[博士学位论文]. 北京：清华大学，2008

[10] 北京市统计局，国家统计局背景调查总队编. 北京市统计年鉴1999~2008. 北京：中国统计出版社，1999~2008

[11] 北京市建设委员会编. 北京市房地产年鉴2007. 北京：中国城市出版社，2007

作者单位：清华大学建筑学院

北京市经济适用住房有限产权的政策分析
Policy Balance between the Low-income Owners and the Government: Withdrawal Management of Economically Affordable Housing in Beijing

麦贤敏 *Mai Xianmin*

[摘要]北京经济适用住房政策由于在实践中的失效屡受批评，经历了若干次政策调整。在2007年新发布的政策中，增加了以有限产权为基础的经济适用住房退出机制增加到政策中。这一政策变化出台具有怎样的意义，对整体经济适用住房体系有何影响，亟待研究。本文回顾了北京市经济适用住房政策的变迁，并与国际经验进行比照，分析了基于有限产权的经济适用住房退出机制的政策目标、方法和影响。这一退出机制限制了中等偏下收入购房者的一些合理收益，但同时也是确保政府投资能够让大部分中等偏下收入者受益的一种方式。同时，有限产权的建立，使得经济适用住房难以进入一般的二手房交易市场，避免了投机者进入经济适用住房体系。本文还指出，要彻底地避免购买经济适用住房中的投机行为，需要严格控制租房市场，申请购买经济适用住房的资格审查也应当更为完善。

[关键词]经济适用住房、退出机制、社会保障

Abstract: *The policy on Economically Affordable Housing in Beijing has been criticized for its ineffectiveness and has been adjusted several times. In the new policy enacted in 2007, the withdrawal management with limited property right of Economically Affordable Housing is added into the policy. How this withdrawal management affects the Economically Affordable Housing system needs to be studied. This article reviews the evolution of Economically Affordable Housing policies in Beijing, comparing with overseas experiences. And the aim, the method, and the effect of this withdrawal management with limited property rights are discussed. It is revealed that this withdrawal management restricts some reasonable profits of low-income owners, while it is also a way to make sure the governmental investment to benefit most of the low-income families. And the limited property right is set up to prevent Economically Affordable Housing from normal secondhand real-estate market, so as to prevent speculators from the affordable housing system. The study also summarized that the speculators are hard to be prevented unless the renting market is also strictly controlled, and the application procedure for Economically Affordable Housing becomes much more faultless.*

Key words: *Conomically, affordable Housing, withdrawal management, social Security*

一、引言

自1998年国务院《关于进一步深化城镇住房制度改革加快住房建设的通知》，以及配套的建设部《关于大力发展经济适用住房的若干意见》颁布以来，经济适用住房逐渐成为保障中等偏下收入家庭住房需求的重要手段，受到社会舆论的广泛关注。经济适用住房政策实施近10年，对解决中等偏下家庭住房问题确实作出了重要贡献。但由于最初政策设计不够完善等原因，政策实施中存在准入审核松、户型比例不合理等很多问题。在北京市经济适用住房政策实施中，这些矛盾尤为突出。马光红（2006）、焦怡雪（2007）、田一淋（2008）高唱（2007）等诸多学者对经济适用住房在制度设计、规划建设各方面存在的问题进行了研究和讨论。

针对经济适用住房政策的实施情况，国家和地方政府进行了多次政策调整和完善的过程。2007年中央政府7个部门联合出台新的《经济适用住房管理办法》，明确提出"经济适用住房购房人拥有有限产权"为基础的经济适用住房退出机制。北京市随后发布的《北京市经济适用住房管理办法（试行）》，细化了前述国家政策中的相关内容。

对以有限产权制度为基础的经济适用住房退出机制，张波（2008）、韩冬梅（2008）、郭号林（2008）等进行了初步研究。这些已有研究针对已出台的有限产权制度，主要讨论如何严格退出机制，让经济条件改善的购房者将政府补贴腾退给中等偏下收入者，关注于政府补贴的合理流转。讨论中多偏重肯定其对经济适用住房政策的作用，重视其对政府补贴合理流转的意义，而就这一制度对经济适用住房整体政策的影响及其中仍存在的问题进行的分析尚不完善。本研究拟对经济适用住房有限产权制度设立的背景、政策目标、政策影响进行分析，以弥补现有研究的不足，为进一步完善经济适用住房制度提供参考。

二、经济适用住房有限产权制度的形成与国内外比较

经济适用住房实质上是带有社会保障性质的特殊商品住房（下文简称为社会保障性商品住房），是社会保障性住房体系的组成部分之一。其他国家和地区的社会住房保障体系中，对社会保障性商品住房，也有类似的退出机制约束，可以作为研究的参考。

1. 北京市经济适用住房有限产权制度的形成

由于经济适用住房政策制定之初对很多问题考虑不够完善，使得执行过程中出现大量问题，成为社会关注的焦点问题。从中央到地方，经济适用住房的相关政策经历了若干次调整的过程，为进一步完善社会保障性住房体系作出了大量努力。尽管有学者呼吁，社会保障性住房体系应当以廉租住房为主体，或者应该由"补砖头"尽快转变为"补人头"的方式，但受到我国社会发展阶段的限制，经济适用住房作为一种社会保障性商品住房，在可预见的未来仍将是保障性住房的重要组成部分。

2007年新出台的一系列政策，在经济适用住房的建设、购买资格、退出机制等各个方面都有所改进。有限产权制度作为其中的一项重要政策创新，是作为完善经济适用住房退出机制的基础出现的。2007年《北京市经济适用住房管理办法（试行）》明确提出，"购房人拥有有限产权"，"购买经济适用住房不满5年的，不得上市交易"，"购买经济适用住房满5年的，出售时应当按照届时同地段普通商品住房和经济适用住房差价的一定比例交纳土地收益等价款，并由政府优先回购"。社会舆论对这一政策的出台，多持鼓励和支持的态度，认为建立更完善的退出制度，可以促进更有效地使用政府资源，让那些经济状况改善了的家庭，能够及时腾退政府的补贴住房。

2. 经济适用住房有限产权制度的国内外比较

社会保障性商品住房的有限产权政策并不为中国所独有。各国的社会保障性住房政策中，完善的退出机制都是政策的重要内容之一。

一般来说，经济适用住房与廉租住房一起构成社会保障性住房体系的主体。相对而言，廉租住房由于其供应具有时效性，租期一般在几年之内，在续租阶段需要重新审

核申请人的经济情况等，其退出管理相对简单。经济状况改善的家庭，在一阶段租约期满之后，一般难以继续占有政府补贴的廉租住房资源。

而对于与经济适用住房类似的，其他国家和地区的社会保障性商品住房来说，以有限产权制度为基础的经济适用住房退出机制，往往也是社会保障性住房退出机制的组成部分。政府通常会严格管理社会保障性商品住房在市场上的流转，限制利用保障性住房牟利的行为，并拥有优先回购的权利。

新加坡社会保障性住房称为"组屋"。居住于组屋中的居民可以通过一次性自购、政策性贷款或政府支持的方式最终获得组屋产权。如果居民想把购得的组屋出售，必须满足两个条件，一是满足最低居住年限，二是满足该社区居民种族混合的基本比例要求。其中，最低居住年限根据所购买组屋的性质和方式不同而有所区别：如果是从建屋发展局直接购买的新组屋，最低居住年限为5~7年；如果是在市场上购买的二手组屋，根据购买时是否申请了政策贷款资助，最低居住年限为1~2.5年（新加坡建屋发展局，2009）。并且，房屋交易价格必须向建屋发展局汇报，如果买卖双方虚报交易价格，根据住房和发展法（Housing & Development Act），将被处以6个月以内监禁或5000元以内罚款。

美国纽约市也有与社会保障性商品住房类似的政策，即政府资助购房者获得产权的社会保障政策。一个途径是申请者通过类似彩票摇奖的方式，获得数量极为有限的低价住房；另一个主要途径是第一次购房者可申请政府的住房补贴贷款。对第一次购买住房的市民，家庭年收入满足一定上限，可以申请该住房补贴贷款。通过该补贴贷款购买的房屋，必须居住10年以上才能上市交易（纽约市可支付住房资源中心，2009）。

我国香港特别行政区的社会保障性住房称为"居屋"。香港特区政府从2007年起，已停止由房委会回购居屋的计划。购买居屋的业主，在居住期2年之内，需要经过补价才能将居屋转让给他人。补价的计算公式是"现在评估市值×当年折让率"。居住期在3~5年之间的，在居屋第二市场将居屋转让给其他符合居屋申请资格的人士，无需缴纳补价；而在公开市场出售则仍需缴纳补价，且必须经过房委会批准。居住期满5年以上的居屋，在公开市场出售时仍需缴纳补价。如果未经缴纳补价便出售、出租或转让居屋，即属违反房屋条例的规定，一经定罪，可被判罚款50万元并监禁1年，而有关的转售或转让均属无效（香港房屋委员会，2009）。

三、经济适用住房有限产权制度的政策目标分析

有限产权制度并不为我国所独有，其在社会保障性商品住房体系的管理之中自然有其存在的必要性和重要性。无论是否明确提出，事实上许多国家和地区对社会保障性商品住房在上市交易方面的限制，都是以有限产权制度为基础的。从表面上看来，有限产权制度限制了社会保障性商品住房购房者的获利行为。这样的限制性制度对整个保障性住房体系的意义和合理性何在，下文将对此进行讨论。

另外，我国经济适用住房建立有限产权制度的初衷从表面上看来与其他国家和地区类似，但实际上，基于我国特殊的政策环境，现阶段强化对经济适用住房退出机制的管理，具有更深层次的政策意义。

1. 经济适用住房有限产权制度的一般政策目标

（1）经济适用住房有限产权制度存在的必要性

在校核有限产权制度的合理性时，应当看其是否符合整体政策的根本目标，而不是片面地看其是否限制了购房者的某些权利。假设准入制度足够完善，经济适用住房的购房者都是城市中等偏下收入居民。对经济适用住房上市的一系列管理措施，确实限制了这些中等偏下收入居民通过自身对住房的投资来获取看似合理的交易收益。但是，社会保障住房体系作为政府社会保障体系的重要组成部分之一，其根本目的是保障社会低收入人口的基本生活需求。在分析中需要进一步校核有限产权制度对整体社会保障住房体系的意义和影响。

第一，政府可投入社会保障体系的资源是有限的，尤其对我国这样的发展中国家来说，这些资源是短缺的，很可能满足不了社会最低收入人群的基本需求。社会保障的对象，应当是当下处于社会最底层的困难群体，应该首先满足这些人群的最低生活需要。投入社会保障的资源，需要集约、高效率地发挥作用。

第二，经济适用住房作为社会保障性商品住房，与一般的社会保障措施相比较，具有其特殊性。在经济适用住房低廉的价格中，包含了政府投入的行政成本、资金等大

量资源。经济适用住房的购买者，相当于一次性获得大额住房补贴。从补贴的力度来看，其意味着政府给予一个中等偏下收入的家庭终身住房补贴。其实这种一次性补贴政策存在较大的监管漏洞，相比较廉租住房体系，较容易出现社会保障资源的浪费现象。比如在购房时属于中等偏下收入人群的购房者，在未来经济状况很有可能会有所改善，但其已经享受了相当于终身的住房补贴。也就是说，并不是所有的经济适用住房的购买者终身都属于中等偏下收入家庭，但现有经济适用住房政策是以相当于终身补贴为前提的。尽管存在这样的问题，但经济适用住房作为社会保障性住房的一种形式，有其存在的意义，因此，在政策制定过程中如何尽可能防止前述浪费社会保障资源现象的发生成为需要考虑的重要问题。

第三，经济适用住房的有限产权制度正是为防止社会保障资源的浪费而出台的。由于行政成本所限，对经济适用住房的业主，难以像廉租住房管理那样每隔几年对其居住资格进行审核。为尽可能保证社会保障资源用到合格的对象上，只能对退出经济适用住房的行为加强监管。退出机制政策假设的前提是，有意愿出售经济适用住房或购买新住房的家庭，应当是经济条件相对改善的家庭。这样的家庭实质上应该已经脱离社会保障政策对象的范围，不需要相当于惠及终身的大额住房补贴，应收回社会保障投入的资源。而且，如果购房者短时间将通过购买经济适用住房获得的政府住房补贴套现，将直接脱离社会保障体系的监管。如果社会保障监管过松，成为短时间可以获利的工具，将带来社会保障资源的巨大浪费。

综合说来，在大部分国家和地区，经济适用住房有限产权制度的一般政策目标，是为了弥补社会保障性商品住房这种实物补贴形式的先天不足，为了让有限的社会保障资源真正惠及中等偏下收入家庭而设立的监管措施之一。对经济适用住房赋予有限产权，从根本上看是为了保障社会中等偏下收入人口的整体利益，保障政府补贴使用的效率。以有限产权为基础的退出机制所限制的，是经济条件改善了的那部分家庭的利益，而这部分利益超出了社会保障所应当承担的范围。一般地说，社会保障性商品住房有限产权制度的直接政策期望是限制买卖经济适用住房的获利行为，其进一步的政策期望是限制经济条件改善后的家庭继续占有社会保障资源（图1）。

1.有限产权管理的一般政策目标（资料来源：作者自绘）

（2）有限产权制度出台体现北京市经济适用住房政策目标的转变

以有限产权制度为基础的经济适用住房退出机制出台，从侧面体现了北京市经济适用住房政策目标的一些转变。

1998年经济适用住房政策出台之初，其政策目标并不单纯是为了推进社会保障性住房体系。在我国住房改革刚刚起步，且亚洲金融风暴刚刚过去的社会、经济、政策背景下，经济适用住房政策的推出除了实现住房社会保障的目标之外，还承载着推进我国城市住房建设市场化的任务。从某种意义上可以说，在我国住房改革的初始阶段，价格相对低廉的经济适用住房其实是作为刺激住房消费市场的手段之一出现的。以前北京市经济适用住房的购买资格大致为家庭年收入6万元以下，约占全北京市家庭的70%左右（高唱，2007）。经济适用住房政策成为福利分房制度到住房市场化之间，提高市民接受度的转型政策。经济适用住房的保障范围划定得很大，且被确定为城镇住房供给体系的主体。而实际上，经济适用住房的供应量远远不能满足70%的家庭需求。

随着住房市场化改革的逐步深化，以及政府对社会保障住房体系认识的逐渐成熟，经济适用住房政策在不断调整完善，其社会保障性住房的性质也被逐渐强化。例如，2003年政府住房建设计划中明确经济适用住房的保障对象为城市"中等偏下+低收入"家庭，这部分家庭仅包括社会家庭总数的30%（赵燕军，2005）；2007年新出台的相关政策中，强化以有限产权为基础的退出机制，更体现出经济适用住房政策本底理念的转型。为确保社会保障资源的集约化使用而提出有限产权制度，体现出我国经济适用住房体系的政策目标正逐渐明朗化，从初期混合了促进住房市场化的模糊政策目标中剥离出来，走向更纯粹的社会住房保障体系建设。

2.经济适用住房有限产权制度的特殊政策目标

由于国情不同，政策环境不同，相同的政策阐述在不同国家、地区、城市所具有的意义和影响往往是不同的。认真分析北京市经济适用住房政策执行中的现状问题，可以看出现阶段北京市强化经济适用住房的退出机制、建立有限产权制度，其目标并不仅仅是为了像其他国家和地区那样将经济条件改善的家庭剥离出社会保障体系，而是还具有另一层面上的特殊政策目标，即为了弥补准入机制的严重不足。

第一，北京市经济适用住房政策在准入机制方面存在很大问题。极其有限的经济适用住房资源，往往被其他利益群体占用，政府对经济适用住房在土地、管理等方面投入的大量政策和资金补贴并未真正惠及中等偏下收入家庭。全国工商联住宅产业商会组建的REICO工作室2005年发布的一项研究报告表明，北京市经济适用住房的业主中，属于较低收入（中等偏下）和低收入的家庭仅占22.3%，属于较高收入以下的家庭占58.4%，属于高收入的家庭占25.8%（赵燕军，2005）。这一研究结果，与人们印象中经济适用住房小区居住着不少富人，停车场里停着名车的直观印象是相吻合的。

第二，其他发达国家和地区的社会保障性商品住房政策，其准入资格审查往往是基于完善的个人收入申报制度和个人信用制度等建立的。美国、新加坡及我国的香港，相关个人收入申报制度等都较为成熟，对社会保障性商品住房政策的准入管理也相对完善和严格。而北京现阶段还没能形成这样完善的体制背景，距离这些配套制度的完善也尚需时日。可以说，现阶段北京市经济适用住房的准入机制还存在很大的问题，且从制度背景、行政成本来考虑，从准入机制本身出发的改进措施较难推行。

第三，准入机制的不足，其实是北京市经济适用住房有限产权制度出台的潜在的重要驱动力。实质上，北京市现阶段对经济适用住房赋予有限产权的政策，其更重要的政策影响在于让经济适用住房退出一般的公开住房市场。北京市对经济适用住房的退出机制管理规定较为严格。相关规定包括：经济适用住房不能直接在公开市场进行买卖，而必须首先返还购买经济适用住房之时所接受的大额政府补贴，并且购房者在购买第二套住宅时，原经济适用住房也要由政府回购。这些规定其实希望能够杜绝利用经济适用住房获利的诸多可能性。其潜在的政策目标是为了减轻准入机制管理的压力，防止非中等偏下收入者占用政府社会保障资源，利用社会保障资源进行投机交易。

综合说来，从表面上看，经济适用住房的有限产权制度与其他国家的社会保障性商品住房退出机制类似，是为了让中等偏下收入者在改变自身经济状况后，能够退还原来接受的政府补贴资金。而其实，经济适用住房有限产权制度还有一层潜在的政策目标，即补充经济适用住房准入制度的一项辅助措施。其政策潜在的直接期望是限制经济适用住房进入公开交易市场，间接期望是弥补经济适用住房准入机制的不足（图2）。如前文所述，在经济适用住房政策出台初期，该政策带有一定的刺激住房市场消费的性质，因此对准入制度的控制也不够严格。但是，随着经济适用住房政策逐渐转型，其社会保障性愈发纯粹和显著。为防止不符合条件的购房者占用政府补贴资源，出台这种强化高效使用社会保障资源的政策势在必行。

2.有限产权管理的特殊政策目标（资料来源：作者自绘）

四、经济适用住房相关政策的进一步讨论

前文分析了北京市出台经济适用住房有限产权制度一般的和特殊的政策目标。两个层面的政策目标的直接期望和间接期望有所差别，但根本期望是一致的，即有效发挥社会保障资源的作用，让经济适用住房政策切实惠及中等偏下收入家庭。而要从根本上保障经济适用住房政策真正惠及中等偏下收入家庭，还有很大的政策缺口。

第一，现阶段对利用经济适用住房获利控制最大的政策缺口在租房市场，亟待加强管理。经调查，北京市经济适用住房的自用率仅为51.34%（赵燕军，2005），对经济适用住房不能出租的政策规定俨然为一纸空文。购买经济适用住房的家庭，不需要出售经济适用住房，即可获得与同地段其他商品住房同样的租金收入。这其实是变相的将政府补贴兑现。要彻底地避免购买经济适用住房中的投机行为，腾退前几年在政策不完善阶段购入经济适用住房的非政策补贴对象，需要严格控制租房市场，并落实相关的惩罚和责任追究制度。

第二，作为有效准入机制基础的个人收入申报、个人信用等相关制度需要积极完善。这些相关制度其实是整个社会保障体系能有效运作的基础。

第三，政府在经济适用住房体系中需要承担更多的责任。过去几年经济适用住房政策执行中出现的问题，有相当部分是因为政府将一些本该由政府承担的责任交给了开发商。例如，对经济适用住房申请资格的审查，对只关心收益的开发商来说，自然是不会认真执行的。必要的规划、监管等责任，政府需要更多的承担。

有限产权制度出台的初衷是为了有利于经济适用住房政策更有效地发挥作用。在肯定其积极意义的同时，也需要清醒地认识到这一局部政策的局限性。一个政策的整体效果，往往取决于政策是否考虑了其实施中可能的薄弱环节。政策取得实效需要多方面配套机制的均衡发展，正如"水桶理论"所言，"水桶"能盛的水量往往取决于围成"水桶"的最短的那块木板的长度。经济适用住房政策还需要在实践中不断的完善和发展。

五、结论

经济适用住房的有限产权制度，是经济适用住房退出机制的基础。研究认为，有限产权制度一方面希望通过限制买卖经济适用住房的获利行为，来限制经济条件改善后的家庭继续占有社会保障资源；另一方面希望通过限制经济适用住房进入公开交易市场，来弥补经济适用住房准入机制的不足，让社会保障资源真正惠及中等偏下收入家庭。有限产权制度将对完善经济适用住房管理体系起到积极意义，但要真正建立有效的经济适用住房政策，还需要在相关机制的完善方面作出更多的努力。

参考文献

[1]马光红. 社会保障性商品住房问题研究[博士论文]. 上海：同济大学, 2006

[2]焦怡雪. 城市居住弱势群体住房保障的规划问题研究[博士后工作报告]. 北京：北京大学, 2007

[3]田一淋. 基于PIPP模式的公共住房保障体系研究[博士论文]. 上海：同济大学, 2008

[4]高唱. 对北京经济适用住房政策调整的思考[J]. 商场现代化, 2007(5)

[5]张波. 经济适用住房退出机制的构建[J]. 经济理论与经济管理, 2008(7)

[6]韩冬梅. 论我国住房保障的进入与退出机制[硕士论文]. 上海：华东师范大学, 2008

[7]郭号林. 社会保障性住房制度法律问题研究[硕士论文]. 天津：天津工业大学, 2008

[8]赵燕军. REICO报告建议调整经济适用住房政策[J]. 北京房地产, 2005(10)

[9]新加坡建屋发展局网站. http://www.hdb.gov.sg[OL]. [2009-03-15]

[10]纽约市可支付住房资源中心网站. http://www.nyc.gov/html/housinginfo/html/home/home.shtml [OL]. [2009-03-15]

[11]香港房屋委员会网站. http://www.housingauthority.gov.hk/b5[OL]. [2009-03-15]

作者单位：清华大学建筑学院

"看不见"的回龙观
——回龙观流动人口居住与工作状况调查
"Invisible" Huilongguan
Analysis On Floating Population's Inhabitation And Working Situation Of Huilongguan

李荣欣 张 璐 Li Rongxin and Zhang Lu

[摘要]快速城市化的背景下，流动人口大量涌入，其生活状况成为社会关注的焦点。城市郊区大型社区和市场的兴起为流动人口提供了较多的就业岗位，市场的推动使得这一区域内形成了一些流动人口聚集区。本文以回龙观城北市场一带的流动人口为例，调查流动人口的居住与工作状况，分析流动人口居住与工作的内在联系，发现其非流动的居住需求，并结合国内外经验提出了一些解决流动人口居住问题的建议。

[关键词]流动人口、聚居区、工作、回龙观

Abstract: With the accelerating of China's urbanization, a large number of floating population come into cities. Their inhabitation situation becomes the focus of the society. Large communities and markets on the suburb area provide a lot of job opportunities for the floating population. Because of the impelling of market, floating population concentrated area appeared. This paper takes the floating population of north market in HuiLongGuan for example, based on investigating the floating population's inhabitation and working situation, analyses the relationship between them, discovers their requirements, and combining the experience of home and abroad so as to provide some advices to settle the inhabitation problems of the floating population.

Keywords: Floating population, concentrated area, working, huilongguan

一、回龙观流动人口居住及工作调查

1.研究对象：回龙观文化居住区

首开集团开发建设的回龙观文化居住区是北京市经济适用房开发建设的项目中最大的一个，是北京市1999～2003年的重点工程，也是京城乃至全亚洲最大的社区之一。其位于北京市昌平区南部回龙观镇、东小口镇，规划总建设用地面积约11.27km^2，规划总建筑面积约800万m^2，规划居住人口约23万人。回龙观一期工程于1999年5月开工，2000年5月入住。2001～2007年先后完成了2～7期工程。

由于20余万居民形成了对商业、服务的巨大需求，各类型卖场、超市、商城，以及大中小型餐馆逐步在回龙观地区发展起来。同时由于北京商业结构调整，大型批发市场——城北市场也迁至回龙观北边开始了运营。这些商业设施的建立满足了回龙观地区的市场消费需求，形成了目前供需相对稳定的局面，也带来了许多低端就业岗位，吸

住宅基本面貌

联排式布局

生活区入口，后为回龙观流行花园

生活区西边的公用厕所

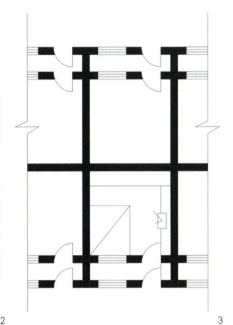

2. 北京回龙观流行花园生活区概貌（图片来源：作者）
3. 住宅典型平面与室内布置（图片来源：作者自绘）

引了大量的流动人口。这些为社区提供服务以及在市场工作的流动人口不仅零星地居住在回龙观周边的出租房中，还在回龙观林立的商品房小区背后与城北市场的接壤之处，形成了大片的聚居区。

回龙观位于城市郊区，相对独立，与城市中心区的联系较少，在分析流动人口与大型住区的关系时，所要考虑的因素相对单纯，更能清楚地分析出两者间的关系。因此本文选取回龙观居住区中的流动人口聚居区作为研究对象，通过对流动人口生活工作等各方面情况的调研，发现大型居住区中流动人口所面临的问题，并试图找到解决问题的方法。

2. 回龙观流动人口住房状况调查

回龙观地区的流动人口以租房作为主要的居住模式，

1. 流动人口聚居地区位示意（图片来源：作者自绘）

主要聚居地在回龙观社区北部边缘。本次调查的主要对象是其中最具规模的两个区域：流星花园生活区和城北市场居住区，其具体位置如图1所示。

（1）调研实例1——流星花园生活区（图2，表1）

建设和管理：

由流星花园开发商建设并进行租赁管理。2003年建成，原为建筑工人居住区，由于非典时期的安全需要，建设标准较高，耗资1～2万。流星花园小区建成后开发商为了多效利用已建成的建筑，将其开辟为一个面向流动人口居住租赁的区域。

布局：

联排租屋南北向行列式布置，东西两侧为主要的联系通道。西侧建设有公共厕所，道路狭窄，生活使用居多；东侧可以行车，直接通向南侧的惟一一个出口。

规模：

租屋主要用于居住，少量用于存储。生活区目前有租屋34排，每排23个单元，一个单元包括从南北两个方向进入的两户，实际可容纳户数为34×23×2=1564。目前入住率约60%，每户入住3～4人，估计整个生活区现在居住的流动人口有3000余人。

居住条件：

每户居住面积约16m², (有一部分房屋经过管理部门改建，南北连通成一个窄长的大屋，租金翻倍)只有门的一侧可以通风采光。2008年11月在原来的门外加装了1m外廊，成为用户的厨房和储备空间(图3)。室内没有供暖，使用煤炉(有烟道)和电暖设备，住户反映并不觉得冷；没有卫生间和洗浴，需要使用西侧的公共厕所。

入住人员情况：

主要来自北方：内蒙、河北、河南、山东等地

来北京之前的工作：村镇企业、务农

来北京的契机：家人或朋友已经在回龙观工作，介绍其来工作，(随机采访的10人中有3~4位声称刚刚来到回龙观，暂住在亲戚朋友的租屋里，正找工作)或者是接父母前来共同居住。

从事工作：送货、环卫、商场销售、经营小生意等

经济情况：

月租金从140元／户·月逐步上涨到310元／户·月，此外还有10元水电管理费，其他用电用水每月另外计算。入住时需要先交一个月租金作为押金，搬出时退款。

每户基本有2人在回龙观地区工作，户收入2000元上下。据悉可以保证基本生活消费。

交往：

每排房屋之间有很宽敞的间隔，中间有水槽，是居民主要的交往场所(洗菜、洗衣服、聊天、晒太阳、儿童游戏等)(图4)。

由于居住的流动性很强，居民彼此认识和接触时间短，了解浅，熟悉的人仅限于居住在本排临近的住房和中央空地对面的住房中，新认识的基本只有1~2人。

居民的排斥心理和警惕性很高，大多数人不愿意接受访谈，(多数以忙、什么都不懂、刚来为借口拒绝)不信任感非常高(被要求出示证件)。

小孩在生活区街道玩耍　　联排间隔的水槽是居民主要生活交往空间

4.流星花园生活区交往空间（图片来源：作者）

生活设施：

日常生活用品都可以在回龙观市场购买，门口的市场开业后会更加方便。

生活区中有私人诊所和药房，回龙观社区中的医院太贵，居民在老家有医疗保险，但在北京没有。

居民中有学龄前的孩子没有入读，学龄孩子有的在附近学校就读，个别有打算带孩子回老家入学（当地的小学教育条件更好）。

表1

受访者描述:						
一位骑车买菜回家的大妈，55~60岁，包着头巾、穿棉袄，开朗和善，有浓厚外地口音 						
受访地点	流星花园生活区			户籍地	河南	
居住地点	流星花园生活区10排北7号					
同住人员	原来的工作	来京时间	来京的契机	目前职业	月收入(元)	工作变迁
本人	种地	2005年	探亲	无	无	无
丈夫	种地	2002年	打工挣钱	环卫	800	无
女儿	种地	2007年	看望父亲打工挣钱	时代广场大卖场销售员	1200	无
备注及其他						
回龙观招工较多，女儿来之后通过招工通告获取工作。目前女婿和两个孩子仍在老家，对于家人分离的状况还没有改变的设想						
在京居住地点的变迁：无						
教育医疗生活状况：生活区内有诊所、药房，其他生活用品在城北市场都可以买到						

受访者描述：					
一位在门口做手工的青年妇女，27~28岁，有着精湛的剪纸手工，从容随和愿意交谈					

受访地点	流星花园生活区			户籍地		河北	
居住地点	流星花园生活区12排南10号						
同住人员	原来的工作	来京时间	来京的契机	目前职业	月收入（元）		工作变迁
本人	村办工厂	2006年	亲戚在北京	看管孩子同时做手工艺挣钱	不定		一家人曾在市场经营服装买卖
丈夫	种地	2006年	亲戚在北京	超市送货	不定 一家的月收入在1000~3000		
两个孩子	均未到学龄，4、5岁左右，在家玩耍						
备注及其他							
家庭条件较好，有电视和电暖气。流星花园生活区的租金已经几次上涨（140-180-260-310）但目前还是可以接受的 比较孤单，很少有在北京认识的朋友，周围邻居的情况不了解难以交心							
在京居住地点的变迁							
2006居住在城北市场生活区，每月150元。但认为该处条件较差管理混乱不安全，一年前搬到这边							
教育医疗生活状况							
初来时去社区医院看过儿童门诊，一次耗费300多元，此后只在生活区的诊所拿药看病。老家有开展医疗保险，但来北京错过了在家办理的机会，目前在京也没有医疗保障。孩子大了会送回家读书，这边的教学质量没有老家的好							

(2) 调研实例2——回龙观城北市场居住区（图5）

建设和管理：

由回龙观镇村民租用村大队土地建房并进行租赁。2000年开始兴建，逐年有加建。回龙观市场修建后涌入了大批外来务工人员，原有村镇中的住房已经满足不了租房需求。

当年的建设成本约为200元/m²，目前已经上升到600元/m²。大队成立了流动人口管理办公室进行管理。房东需要向大队缴纳7000元/亩·年的地租，以3年为一个阶段续签合同（涉及租金调整），同时需要向国家上缴营业税，由办公室代收并上缴。管理办公室3名工作人员负责煤气安全巡查和面向房东的租金管理。

目前分为25个院区，大队集体雇佣了5个人分片管理出租和收租事务。多数房东已经靠租房致富，买了回龙观小区内的房子。

规模：

每个院区大小不一，能容纳人口约100~200人，目前入住率约80%，入住人口3000人左右。

区内居住密度较高，道路狭窄泥泞，布局基本属于见缝插针没有整体规划。

由于加建的时间不一方式不同，居住类型、面积和租金差别很大。有1层平房，也有2层。12m²月租金200元，17m²月租金400元。普通住宅没有供暖和独立卫生间，也有月租金500~600元的租房，有暖气和卫生间。室内煤炉供暖存在安全隐患，管理人员经常检查提醒，目前该区没有发生过中毒事件。

城北市场生活区外部面貌　　生活区服务设施

5号大院概貌　　　　　　　　6号大院概貌

5. 城北市场生活区概貌（图片来源：作者）

生活设施：

院区有私营的商业、餐饮、洗浴和教育设施。

发展：

北侧耕地无法占用，楼房建设受到电容量限制无法加盖层数，目前的用地和建设规模已经趋于饱和。

(3) 流动人口居住情况的特征总结

a. 居住形式主要为租房；

b. 居住条件差，面积小，人均面积3~4m²，大部分缺乏暖通设施和室内厨卫；

c.住房条件和面积多样，存在租金水平等级差异，租金从200~600元不等；

d.居住成员以家庭为单位；

e.建设和管理都是民间自下而上发起的，属于市场行为。

3.回龙观流动人口工作状况调查

(1)城北市场调查（图6，表2）

市场背景：

回龙观城北市场修建于2002年，于2003年正式招商营业。市场由一家综合地产开发公司开发和管理（该公司以房地产为主，兼顾多元化市场）。市场规划用地1100亩，目前占地700亩，建设面积25万m²，公司还将陆续开展后期建设。市场主要经营农贸产品，以批发为主，零售只占10%~15%。市场主要为回龙观以及北京的各个超市和宾馆供货。

市场修建起源于北京商业结构调整，其要求大型批发市场布局于五环之外。大钟寺、太阳宫等批发集散地纷纷迁址。同时回龙观地区有较强的批发零售需求。市场修建资金全部由企业自筹。

运行情况：

据市场管理中心业务副经理谷经理介绍，目前市场设置铺面6000余个，有商户4500户，入驻率95%以上。经营者包含个体、工商部门、私企和国企，其中80%为外来人口，20%为下岗职工和失地农民。外来人口来自全国除了西藏、海南之外的各个省市。由以上数据，按每家商户1.5人经营（现场观察的情况），我们可以估算在市场中工作的流动人口超过5000人。市场经营较为稳定，长期租用的店铺比率高，每年仅有5%的店面更替率。说明流动人口在这里的工作相当稳定，有持续经营和盈利发展的可能。

城北市场大棚销售区外部　城北市场大棚销售区内部

城北市场联排销售区　城北市场露天农贸区

6.城北市场概貌（图片来源：作者）

市场调查： 表2

受访者描述：						
一位40岁上下的大婶，在自己开的店面中显得有点无所事事，说话快而爽直，厚道						
受访地点	城北市场			户籍地	黑龙江	
居住地点	城北市场居住区，租金300元					
同住人员	原来的工作	来京时间	来京的契机	目前职业	月利润（元）	工作变迁
只有本人	不详	2003年	挣钱，发展	自营店面 经营工艺装饰品	200~300	无
备注及其他						
从广东进货，主要零售，今年生意特别不好根本不挣钱，对以后的发展没有太多想法						
在京居住地点的变迁：无						
教育医疗生活状况：——						

受访者描述：						
一对45岁上下的夫妇，和蔼可亲乐于交流						
受访地点	城北市场			户籍地	湖北	
居住地点	附近的简易公寓（不知其确切所指），租金300元					
同住人员	来京前工作	来京时间	来京的契机	目前职业	月利润（元）	工作变迁
夫妇二人	不详	1998年	挣钱，发展	自营店面经营文具	400~500	2005年来回龙观，此前一直在其他早市做小生意
备注及其他						
从河北进货，主要批发，由专门的物流公司配送货物。今年生意不好，对以后的发展没有太多想法。孩子的状况不详						
在京居住地点的变迁：无						
教育医疗生活状况：——						

受访者描述:						
一个20岁左右的小姑娘,正在店里帮忙,略有点羞涩但谈吐冷静清楚						
受访地点	城北市场			户籍地	湖北	
居住地点	距回龙观15分钟车程的出租房,两室一厅(不知确切所指),租金1100元					
同住人员	来京前工作	来京时间	来京的契机	目前职业	月利润(元)	工作变迁
与舅舅,姐姐合住	不详	2004年	投靠亲戚	给舅舅的店面看店经营文具	400~500	无
备注及其他						
店里还有一个差不多同龄的店员,但不愿交谈。她们俩对未来没想过,受访者表示可能一直跟着舅舅做下去						
在京居住地点的变迁:以前住在回龙观流星花园对面的小区,条件很好,但租金上涨后搬离						
教育医疗生活状况:——						

受访者描述:					
一对30岁左右的青年夫妇,正在店里闲聊,比较热情 					
受访地点	城北市场室外联排摊位		户籍地	天津	
居住地点	回龙观社区外的小公寓(不知确切所指),租金600元,10多m²				
同住人员	来京前工作	来京时间	来京的契机	目前职业	月利润	工作变迁
夫妇二人	不详	1998年以前	挣钱发展	经营干果生意	不定,但看上去利润不低	2002年来到回龙观,以前在太阳宫同样经营批发
备注及其他					
店里还有一个雇员,对未来没想过,可能一直在市场中经营下去,市场要是搬离了还会去别处寻找新的市场					
在京居住地点的变迁					
夫妇两表示已经有自己的房屋正在装修中,即将结束租房的日子					
教育医疗生活状况:——					

市场中个体经营面积从5m²到100m²不等,主要分为集中大棚型和联排店面型。大棚内店面的租金约为150元/m²,联排店面租金约为70元/m²。其所售货物来自广东、河北、湖北等地,由物流公司负责运输或者厂家直接配送。据店主称经营店铺基本是全家的全部收入,经营利润很少,有的仅能维持基本生活开支,有的略能结余300~400元。

店主来北京的时间均在5~10年之间,长期经营小生意者居多。同一个店铺的经营人员基本是家庭成员和亲友,也有雇佣其他外来人员看店的情况。

长期稳定的工作已经使得这些作为店主的流动人口居住条件有所改善。根据收入水平的不同,有的仍然居住在城北市场生活区等回龙观村民的租房中,每户居住面积约10m²左右,月租金300元,基本符合我们对于两个流动人口居住区的调查情况。而有的已经可以负担月租金1100元左右临近的两室一厅公寓住宅,甚至拥有自己的住房。

(2)流动人口工作情况的特征总结

a.流动人口的就业围绕着回龙观社区服务的需求和城北市场的运行;

b.工作存在多样性和等级差异,不同工作收入不同,影响其居住地的选择;

c.工作区域较为长期、稳定,都在回龙观区域内部,没有遇到特殊情况时,具体工作类型也是长期稳定的;

d.居住在一起的家庭成员大都在区域中工作,在城北市场经商的多为家庭承包店面,并主要由家庭成员负责店面经营。

4.调查小结

(1)对比分析:工作与居住的关系形成具有内部封闭性的聚居地

大部分流动人口的居住、工作和生活形成内部循环的状态,工作之间形成了内部的生产运输链,并依据就业链中的不同环节形成了收入等级。除了向回龙观提供服务的工作联系,居住于社区边缘的流动人口在交往圈子、生活购物以及教育医疗方面基本是自给自足,与城市没有融合也互不干扰,在如此毗邻且彼此依赖的两个人群中形成了两个世界的生活。大部分流动人口的工作和居住都以家庭为单元,有家庭的一般夫妻双方共同经营店面或在回龙观进行不同的服务工作,一部分人会将未到入学年龄的子女带在身边甚至将父母接到北京共同居住。很多人在居住和工作的地方都持有高度警觉性，和邻居的交往不多也不深入，他们来北京工作居住也多是仰仗亲友关系。

(2) 流动人口生活的内在关系分析

根据调查我们总结了流动人口就业和居住、现状和发展的逻辑关系，如图7所示：

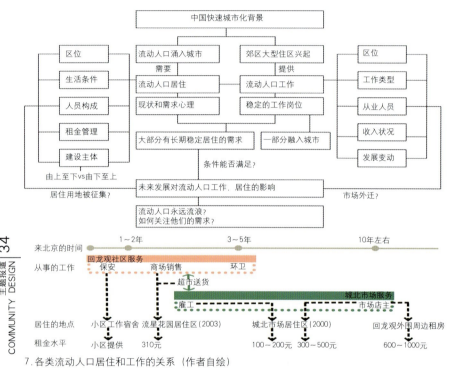

7. 各类流动人口居住和工作的关系（作者自绘）

二、问题探讨

1. 流动人口非流动的居住需求

流星花园生活区的流动人口主要从事回龙观社区内部的服务工作和向各个超市的送货工作，收入中等；城北市场居住区的流动人口有在市场开店的店主也有被雇佣的员工，收入中低等；部分流动人口经过长期经营有了较为稳定和较高的收入，在其他邻近地区拥有较好的租房条件。

尽管和城市标准相比，流动人口的居住状况和工作收入都不好，但他们普遍对当前的工作和居住感到满意。多数人比较安于现状，对未来比较迷茫，没有具体打算。有理由相信，只要城北市场依然存在，回龙观的工作没有削减，他们会较长期地在此从事已经熟悉的工作；在经济条件积累的情况下，一部分人会不断地提升租房档次，居住的地点也会渐渐远离回龙观，极少部分人可能购置房产，这些群体将逐渐融入城市生活；还有一部分人出于收入和家庭原因可能离开。由于工作的低端和相对的低收入，大部分流动人口无法进行资本积累，不能实现住房条件改善，有长期租房的需要。尽管调查中发现他们的居住地点有一定的变化，但一直都是在回龙观和城北市场范围内的调整。回龙观商业需求和城北市场的稳定存在为流动人口的长期工作提供了可能；流星花园生活区、城北市场居住区则为其提供了相对稳定的居住条件。工作和居住提供以及流动人口安于现状的心理状态共同促成了流动人口在区域内的长期存在以及对区域的长期居住需求。

2. 流动人口被迫流动——城市扩张打破居住、工作的稳定关系

当前状态下，回龙观流动人口的居住、工作和生活维持在一个稳定状态下，大部分人"安居乐业"没有频繁更换居住地。然而城市的快速扩张是中国社会现实中不能忽略的持续性过程，城市建设用地扩张将边缘地区逐渐城市化的现象也必将影响到这些流动人口的生活。可以说，在大部分人并没有融入城市的状况下，城市化会不断地"驱逐"流动人口，使他们被迫流动。稳定居住长期工作很有可能只是其单方面难以实现的期望。对此我们针对回龙观的情况作了简要分析：

(1) 如果城市用地维持现状

回龙观商业配套的完善和城北市场的稳定经营将提供稳定甚至更多的就业岗位，吸引更多的外来务工人员。而目前最临近居住区的两个流动人口生活区已趋向饱和，很可能在其周边范围略大的地区积聚流动人口居住片区。这些片区将以回龙观和城北市场为中心向外发散。在遇到用地供应问题时回归到供需平衡状态，并长期持续下去。

(2) 如果城市用地向北扩张

市场位置变动或居住区用地被征收的任何一个情况发生都会导致居民现有的工作和居住模式的破裂。如果市场不迁移，居住区用地被征收，则势必造成在市场工作的流动人口无法就近居住，一部分人（送货、打工者）会撤离回龙观寻找新的工作，另一部分人（长期经营的店主）将被迫增加工作成本（缺少送货人手）、生活成本（居住远离工作），整个回龙观的服务也会缺少对人力资源的吸引；如果市场迁移，居住区用地不变，新的工作重心和居住需求将围绕市场选址形成，新的居住村落会在城市的边

缘继续生长，而原有的两个居住区面临不饱和，流星花园生活区可能重新定位投入到商品化经营，城北市场居住区由于农村土地产权的保障可能继续租给在回龙观社区工作的流动人口，成为该地区典型的城中村。

三、国内外解决流动人口居住问题的主要策略

住宅的临时性、简陋性与流动人口家庭式的、稳定长期的居住需求形成冲突，再加上流动人口生活的内部循环性，他们难以真正融入城市生活，大多数人将始终是"寄生"于城市边缘的细胞。即使流动人口自己能欣然接受这种生活条件，我们的城市也不应该长期忽视和不公正地对待这些为城市服务作出贡献的人群，任由城市的发展将他们一次次放逐。

由于户籍限制，流动人口不能享受社会低保和相应的廉租房等保障性住房政策。在目前的情况下，其聚居区是由市场自发推动形成的，依靠的是农村和开发商的闲置建设用地。这种模式下不仅土地供应量和供应形式十分有限，质量缺乏保证，而且很可能面临产权和功能变化后的拆迁。

在解决流动人口居住问题上，国内外有很多的实践经验值得我们借鉴。

1. 国外解决流动人口住房问题的经验

（1）建立统一的住房保障体系

在研究欧美国家的住房保障政策时不难发现，这些国家的住房保障政策对象都是社会中无法通过市场手段解决住房问题的弱势群体，都没有明显针对外来人口或有色人种制定区别对待的住房保障政策。但在中国，由于户籍制度的存在，使得城市本地居民与流动人口在住房保障方面存在着差别，而我们最终要建立的是一个面向城镇居民与外来人口的住房保障体系，这需要社会各界的参与和支持。

（2）加快住宅法制建设，规范住房制度

欧美国家的住房保障制度都有明确的立法，如美国就相继出台了《全国过客承受住房法》、《1949年住房法》、《住房与城市发展法》、《老年人住宅法》、《住房自给者贷款法》等，把住房制度用立法的形式进行规范，既有权威性，又有利于保证其贯彻执行。这是西方国家住房制度的一个重要特点。而我国的住房制度至今仍以政府文件、政府政策的形势发布，严格地说不具备法律效力，同时在实际生活当中，存在着房屋租赁市场管理体制不完善等情况。

（3）组成一个高效率的组织机构

纵观发达国家解决住房问题的经验，除了用立法保障住房制度以外，各国都建立了强有力的执法机构。如：美国参议院有关于住房的常设委员会，政府有关于住房的部委（住房与城市发展部，其中设有负责住房公平与机会均等的助理部长）；法国政府有供应、住房、运输与空间部；德国联邦参议院有城市建设和住房委员会，政府中有联邦住房部；新加坡有住宅发展局(HDB)。其中，新加坡的住房发展局比较完善，有一定的影响力，其成员都是经过严格培训的高素质专业人才，保障了该机构的高效管理和良性维护。

2. 国内流动人口安置区的启示

建造流动人口安置区是目前政府解决城市流动人口居住问题的主要方式，我国许多经济发达的城市，如北京、上海、广州、深圳、南京、昆明等城市都建有此类住房设施。总结我国发达城市流动人口安置区的经验，主要的启示为：

（1）政府采用政策引导的方式吸引投资方投资建设。比如，深圳在建设流动人口安置区时，将土地转让金由一次收取改为逐年收，并在地租上给予一定的优惠，同时免收城市建设配套费用，大大降低了安置区的建设成本，也为降低住房租金提供了基础；取得公安部门的配合，为每个安置区配置了专职警察和治安联防队，保障了安置区的治安状况。这些优惠政策吸引了不少企业联合投资。

（2）设计适合流动人口家庭居住要求的户型。低租住房简易住宅设计考虑到流动人口家庭的经济承受能力与居住要求，以小户型为主，每套配有小型的厨房、厕所，满足不同类型的流动人口家庭和单身打工者的生活需求。

（3）制定适合流动人口承受能力的价格。如按深圳市物价局的规定，深圳低租住房价格一般约20元/m^2，并可以采取多种付款方式。

（4）统一物业管理。为广大住户提供安全、卫生、方便的生活环境，安置区的投产企业都设有专业的物业管理部门，并联手统一管理小区的治安、卫生，及时提供维修，使住户感到生活方便。尤其是治安管理，打击犯罪行为，使广大住户居住有安全感。

(5)尽可能提供就业岗位。每个形成规模的流动人口安置区都促进了餐饮、休闲、购物、娱乐等为社区服务的第三产业的发展,既方便了居住者的生活,也解决了部分流动人口的工作问题。

(6)充分利用旧房源。比如北京和上海在设立流动人口安置区时就重新利用曾经用来临时安置拆迁户的空闲房屋。

四、总结思考与建议

回龙观的例子是单纯的却并不是特殊的,未来城市的扩张将需要更多的流动人口提供服务,也会吸引更多流动人口的涌入。我们必须关注流动人口的需求,尽可能地保障他们的基本权益,减少他们流离的状态,使其通过工作逐渐地城市化,融入到城市当中,成为我们当中平等的一部分。鉴于以上观点,我们有以下设想:

1.民间自下而上的建设流动人口聚集区很好地满足了市场运转需求,其模式是可以被认可的。政府可以通过提供暖气设施、货币补贴、安全检查等来保障这些居住区的租房符合安全、健康的居住条件;也应该制定合理的租赁合同制度,从而在一定程度上限制租房随意涨价。

2.政府应该推进租房的市场化,鼓励社会资本(基金、房地产开发)介入流动人口的需求市场,在合适的地区、时间建造适宜流动人口居住的租赁房。

3.合作租房也可以作为解决流动人口住房的一个供房渠道,一些较大面积的商品房可以经过中间机构的管理划分为适合流动人口的小面积小家庭居住类型,面向流动人口出租。

4.从本质上,政府应该意识到城市中的流动人口也应该是得到社会保障的人群,他们为城市建设作出了贡献,应该享受城市福利。政府应当尽快建立社保体系的城乡统筹、跨省统筹;考虑城市学校如何接纳流动人口子女入学;在廉租房中补充流动人口的申请条件。只有将流动人口和城市居民公平对待,才能真正地保障社会的和谐发展。

参考文献

[1]冯健,周一星.郊区化进程中北京城市内部迁居及相关空间行为——基于千份问卷调查的分析[J].地理研究,2004(2):227~242

[2]王章辉,黄柯可.欧美农村劳动力的转移与城市化[M].社会科学文献出版社,1999

[3]吴媛.发达地区大城市流动人口居住状况与规划对策[D].2003

[4]孙昊.低收入流动人口居住空间结构规划初探——以北京市为例[D].2006

[5]康雯琴.大城市流动人口非居民化居住特征研究——以上海浦东新区为例[J].西北人口,2005(6)

[6]柯兰君,李汉林.都市里的村民——中国大城市的流动人口[M].中央编译出版社,2001

[7]陈劲松.公共住房浪潮——国际模式与中国安居工程的对比研究[M].机械工业出版社,2006

[8]戴维.D.史密斯.城市化住宅及其发展过程.天津社会科学出版社[M],2000

[9]蒋来文,庞丽华,张志明.中国城镇流动人口的住房状况研究[J].人口研究,2005(4)

[10]陈伯庚,顾志敏,陆开和.城镇住房制度改革的理论与实践[M].上海人民出版社,2003

[11]蔡昉.中国流动人口问题.河南人民出版社[M],2000

[12]马小红,侯亚非.北京市未来50年人口变动趋势预测研究[J].市场与人口分析,2004(2)

[13]洪小良.城市农民工的家庭迁移行为及影响因素研究[J].中国人口科学,2007(6)

[14]冯晓英.对北京市流动人口聚居区治理的再思考[J].北京社会科学,2006(6)

[15]李万钧.北京市流动人口管理服务工作对策研究[J].北京观察,2007(12)

作者单位:清华大学建筑学院

"小产权房"与住房福利及其合法化探讨
"Minor Property Right Housing", Its Relationship with Housing Welfare and Its Legitimization

黄 斌 *Huang Bin*

[摘要]"小产权房"是中国特有土地产权制度下的一种特殊住房，近年间广受市民追捧，却因其不符合国家的相关法律法规而被政府明令禁止。本文以《城乡规划法》、《物权法》和十七届三中全会精神为指导，从城镇住房保障体系和新农村建设的角度探讨了"小产权房"给城镇和农村居民带来的物业、交易、农地保护等问题，以及对于市民居住福利、村民就业、村落发展等方面的积极作用，并着重探讨了"房改模式"、"租售模式"以及广东、成都、重庆、天津等省市的经验，从土地流转、城乡统一规划等根本层面提出了"转正"现有"小产权房"，并限制其继续发展的保障途径。

[关键词]"小产权房"、福利、住房保障体系、"转正"途径、土地流转、城乡统一规划

Abstract: *"Minor Property Right Housing" is a unique phenomenon under the unique land policy of China. It is popular among people but forbidden by the state's laws and regulations. Based on the Planning Act, Property Right Act and the spirit of CPC Plenum, the article discussed the problems of property right and transaction, farmland protection caused by "Minor Property Right Housing" from the perspective of urban welfare housing and rural development. It also explored its positive effects on living qualities, rural population employment and village development. Taking the experiences from different places of China as examples, the article put forward its suggestions on legitimizing "Minor Property Right Housing" and regulating its further development.*

Keywords: *"Minor Property Right Housing", welfare, welfare housing system, legitimization, land transaction, urban-rural integrated planning*

近年来，"小产权房"日益成为社会焦点。据统计，2008年北京400余个在售楼盘中，小产权楼盘为72个，约占市场的18%，小产权项目的面积甚至占北京可售房屋面积的1/3[1]。中央政府三令五申严禁开发，地方村镇却屡禁不止，一时间各界置评，毁誉参半。毁之者认为其公然违反《土地管理法》等法律，并兼有居住质量不佳、扰乱房产市场、破坏城市发展、贻害农村产业之罪；赞之者则认为其具有改善城镇居民住房福利、揭露房地产市场价格虚高、促进农村城镇化，带动村民转行等一系列优点。本文拟在分析"小产权房"现象和本质的基础上，提出解决办法，缓解社会矛盾，促进城乡健康发展。

一、"小产权房"的定义

"小产权房"含义复杂，总结有三：其一是针对发展商的产权而言，将发展商开发物业的产权叫大产权，购房人的产权叫小产权；其二是按房屋再转让时是否需要缴纳

土地出让金来区分的，不用再缴土地出让金的叫大产权，要补缴土地出让金的叫小产权，故此经济适用房、房改房等也是小产权房的一种；其三则是按产权证的发证机关来区分的，市县级以上土地管理部门核发产权证的叫大产权，否则为小产权，其并不构成真正法律意义上的产权[2]。

前两种含义的"小产权房"虽然合法，却也存在着大量的社会问题[3]。而第三种小产权因为拿不到法律意义上的产权证，也即没有土地产权而只有房屋产权的住房，包括房改前企事业单位向本单位职工提供的福利性住房和"乡产权房"、"村产权房"。

本文所讨论的主要是"乡产权房"和"村产权房"——也就是由乡、村政府提供土地使用权证，占用集体所有制土地而售予城市居民居住的房屋。这类住房也是问题最突出，争论最激烈的焦点。

二、"小产权房"对城镇居民住房福利的影响

1. 以较低的价格获得了更好的居住质量

尽管有学者声称"小产权房"多为购买者投资性的第二套住房[4]，但是也有学者运用经济学的方法证明小产权房的购买者主要是住房条件匮乏而亟需改善，风险程度小，购房基金小的中小买房者，他们通过购买小产权房提升了住房福利[5]。通过实际调查和社会报道，笔者认同后者的说法。

由于"小产权房"的价格本质上不包括土地使用权和相关税费的价格，因此普遍低于同地段大产权房50%～70%。随着城市范围的扩大、郊区化进程的加快，某些城市"小产权房"的交通便捷、设施便利，已经不亚于部分大产权房。尽管存在着建筑质量不过硬、后期养护成本高等问题，但是许多"小产权房"住户仍然认为付出同样甚至更低的价格，可以得到与"大产权房"同样甚至更好的居住质量[6]，这是小产权房能够迅速得到市场认可的最为重要的原因。

2. 不受法律保护的风险与心理压力

宋庄画家村2007年的李玉兰案给"小产权房"使用者以沉重的打击，尽管当地政府居中调和，最后仍以原房主"赢了官司、输了信用"而告终[7]。这一事件不仅影响了宋庄文化创意产业的发展，同时也对全国的"小产权房"产生了不小的震动。随后2008年的王庆松、杨大味案，双方在法院的调停下以"私法"和解[8]，则又显示出法院对于"小产权房"交易的暧昧。经过一连串的新闻事件曝光，缺乏法律保护，不能上市、不能继承、不能抵押，尤为重要的是如若遇到国家征收土地，房屋拆迁补偿费也不一定能拿到[9]的"小产权房"已经给"业主"造成了极大的心理压力。同时没有产权带来的一系列比如"住房公积金"、"房贷"等问题也日益受到人们的重视。

3. 缺乏投资性

房产作为一种特殊的商品，除了使用价值以外，投资价值也一直受到人们的追捧。然而房产的升值归根结底还是其所在土地的升值，"小产权房"因其没有土地使用权而无法保障资产的升值，因此投资者所占比例并不高。正是基于这一特性，不少专家学者对"小产权房"平抑房价、保障住房福利的作用给与了不少的赞扬[10]。

三、"小产权房"对农村及其居民的影响

1. 侵占耕地，触犯政策底线

中国人多地少，"小产权房"不合规划，侵占耕地农田的行为时常发生。一旦涉及至此，往往还未建成却只能拆除，各方利益损失巨大，形成"共输"的局面，对于村民和村集体而言尤其难以承受。

2. 新农村建设的无奈之举

正在轰轰烈烈进行之中的社会主义新农村建设对当前农村的发展产生了极为深刻的影响。尽管政府财政投入巨大，然而其并不能完全覆盖新农村建设的费用。据北京市政府网站消息，2007年北京市财政共向农村投入111.8亿元，按照北京郊区3600个村落计算，每个村落约为300万元，这其中的主要投资集中在区域基础设施、环境整治、村民社会保障等项目，建设费用往往入不敷出。因此在迁村并点、修建村民回迁房的同时混搭着修建部分"小产权房"成为了许多村落的无奈之举[11][12]。

3. 改变了村落产业结构，增强了村民收入和村落可持续发展能力

集中面向市民出售的小产权房主要位于城市近郊交通便利的地方。以北京为例，最为著名的张家湾、宋庄等都在五环、高速公路附近，这些村落大多已经告别了传统的第一产业，转而依托村办企业和租赁厂房获取分红和租金，以从事第三产业为主。

有专家学者认为上述做法侵占耕地过甚，农民失土，村落必难于持续[13]。事实上根据城市经济学和土地级差地租的原理，城市近郊、交通便利的村落，进行农业开发已经不能发挥土地的价值，而其居住的承租能力也高过工业，因此居住开发是市场选择的必然之举。

多位专家的研究和笔者的调研发现，兴建"小产权房"后，原村民多数都已经就地甚至进入城市获得了工作，生活水平并未出现明显下降[14]，更有如北京宋庄镇、昌平香堂村[15]等通过"小产权房"的开发，带动文化艺术产业、旅游业等第三产业发展的例证，在国内外都造成了不小的影响。

4. 滋生了腐败与矛盾

调研发现，"小产权房"之所以对村民的生活造成困扰，主要原因并不是农业用地的转换，而在于用地性质转变的过程中滋生出来的腐败与利益分配不公。

房地产领域是近年来的腐败高发区，"小产权房"因

为其不合法的身份，更容易产生法律监管缺失而导致的腐败。"小产权房"的建设用地在名义上属于村民集体所有，但却由于公示、村民大会等程序的缺失或流于形式，导致其异化成为村委会所有，因此在"小产权房"的建设中往往出现村集体（或村干部）获益甚多而村民获益寥寥的情况，直接导致了村民与村集体之间的矛盾[16]。这样的问题屡见不鲜。

四、"小产权房"产生的根源

"小产权房"不合法却备受追捧，社会各界见仁见智，本身就证明了这一问题的复杂性。秦晖（2007）曾指出，"小产权房"争议背后隐含的农村建设用地合理流转制度变革困难，根源在于"条文易改，利益难调"[17]。本文归结细化主要有以下三个方面。

1. 集体土地所有权与国有土地所有权转让的悖论

《中华人民共和国土地法》规定，集体土地只有在以下四种情况下可以允许建设：一是农民的宅基地；二是农村的公共设施用地；三是农村兴办的村办企业或者联营企业；四是根据担保法，使用农村集体用地抵押权的实现[18]。因此要兴建面向城市居民的住宅，必须要将集体土地转为国有土地。而集体土地转为国有土地只有县市以上政府征收一条途径，且征用补偿原则上以栽种农作物的收益为基准，完全不能体现征用土地的价值，故因征用土地引发的矛盾屡见不鲜[19]。

尽管集体土地的升值并不是因为持续在该地块上的投资导致，而是得益于周边国有土地升值和基础设施的外溢，因此并不能将受益全部划归到村集体和村民的手中。但是社会各界普遍认为政府在土地征用后"招拍挂"原有地块，获利过甚，滋养了"土地财政"的恶习。此外，由于政府征用并不是完全的市场行为，在征用过程中交易成本过高，甚至于腐败频发，因此村集体和村民更倾向于选取自己开发小产权房这一方式实现土地利益的最大化。

2. 高速城市化带来的刚性居住需求与"大产权房"获取困难之间的矛盾

中国的城市化率近年来一直保持着较高的速度，2006年已经达到32.53%，许多大城市甚至达到了60%以上[20]，这一快速的城市化进程及越来越向大城市聚集的趋势导致大城市住宅刚性需求不断上升，普通商品房的价格高企。国家发改委每月发布的全国36个大中城市的商品房均价大部分都在5000元以上，部分大城市甚至连中高收入家庭都不能负担首付与房贷，普通商品房的获取变得十分困难。

而拥有产权（或部分产权）的"两限"房、经济适用房等保障性住房数量较为稀少、申请条件严格，程序也十分复杂，因此选择"比经济适用房更经济"的"小产权房"就变成了部分市民的无奈之举。

3. 其他建房方式困难，保障性住房欠缺

20世纪90年代的"房改"以来，个人合作建房、合作社建房、单位建房、集体改扩建原住房等合作建房越来越少。虽然近年来部分单位又悄悄重启了"福利房"（部分有产权）建设，但多限于效益较好的国企和事业单位，覆盖面有限，且缺乏社会公平，因此社会反响虽大却终究不成气候。市民获得"大产权房"的途径基本只能依靠房价超出大部分人承受能力的商品房市场。

尽管刚刚结束的2009年"两会"上齐骥副部长表示今年中央财政用于各地廉租住房制度建设的总的资金投入将达到330亿元，地方政府还会有相应的配套资金，但是在此之前的若干年中，尤其是2000年前后房价上涨较快的这个周期中，廉租房等配套设施投入较少，受惠人群较少，导致住房问题严重。"小产权房"的出现填补了中低端房地产市场的空白，从而备受关注。

4. 政府职能的缺位

"小产权房"不断出现，政府的缺位和现有管理体制的落后难辞其咎。这一方面表现为相关立法、规章制度的建设落后，《土地管理法》和《物权法》、《城乡规划法》等没有适时协调；另一方面表现为各级政府部门口径不一、做法各异，为"小产权房"在夹缝中求生存创造了条件[21]。

五、"小产权房"的"转正"途径探讨

在现有的制度下，"小产权房"的出现不可避免[22]，因此"转正"就成了当务之急。尽管"转正"途径众说纷纭，但各方都能达成共识的是，职能部门应首先明确一个时间点，在此之后的"小产权房"应严罚不贷，而在此之前的"小产权房"则应该给予其合法化的途径。此外，应杜绝与民争利的现象发生。

在总结各地试点和"转正"案例的经验教训之后，笔者归纳了如下模式：

1. 直接补交土地出让金和相关税费的模式

补交土地出让金和相关税费是到目前为止一些"小产权房""转正"最为常用的模式，其方法是由村集体、开发商、住户按照一定的比例缴纳土地出让金和各种税费，国家补齐土地征用手续，核发土地证，将"小产权房"转为"大产权房"。该模式主要适用于入住率较高，并且已经形成较为成熟配套的居住区。1997年，北京市曾对亚北北七家等四个乡的"小产权房"项目专门下达文件，令其"补交土地出让金和有关税费，并依法处以罚款之后，补办有关手续"。在开发商补缴费用和补办手续之后，购房者最终拥有了合法产权[23]。

但到目前为止这一模式使用的范围极为有限，其最大的问题是各方补缴金额的数目、比例难于确定，且开发商、住户的身份难于核实。许多专家认为若是补交款项过多，势必导致拒交、抗交现象出现，激化社会矛盾；而如

果补交较少，则又丧失了意义，反而会助长"小产权房"违规建设之风。

然而追究开发商补缴出让金十分困难，且于理不合，对其的处罚应着眼于罚款、禁止其参与政府公共项目及保障性住房的竞标等方面。而对于住户则应按照自住型和投资型进行分类处理[24]：自住型住户应受到职能部门的宽待，按照购买时间点周边相似地段的土地出让价格进行补偿，并可动用住房公积金等金融工具代为偿还，但应自"转正"起限定交易的时间，以杜绝其向投资型转变，在短时间内震荡房地产市场；而投资型住户，则应按照当前时间点周边相似地段的土地出让价格进行补偿，并适当征收一定的二手房交易税费，提高其保有成本。

2."售改租"模式

考虑到"小产权房"没有土地产权，一些专家学者提出可以采用类似于廉租房性质的租赁模式[25]。这一模式主要适用于已经建成但尚未出售的"小产权房"，目前在成都已经初具雏形[26]。

笔者认为这一模式还可以参照目前已经较为成熟的村镇工业园区管理的模式，采用村集体申请、国土规划建设等相关职能部门择优批复，以村集体共有产权掌管"小产权房"社区，房客交租、村民分红的形式分配收益。

这一模式是目前法理上最容易取得突破的形式，其难点在于主管部门过多，审批利益错综复杂。

3.保障性住房回购模式

这是目前专家学者呼声最高的模式，其流程可简述为由政府出面回购（或者减免土地出让金与税费），然后再将其转为保障性住房进行租售[27]。目前这一模式多指向于入住率较低的"小产权房"社区，比较而言，实施起来难度较上述模式为小。

笔者认为这一模式可与补交土地出让金和税费的模式结合使用，在已经形成居住规模的"小产权房"社区自住型住户中进行调研，由住户自身按照经济情况与使用需求提交申请，相关职能部门进行资格审查与申请批复，分类核定该"小产权房"的"转正"去向，将已经入住的"小产权房"因人制宜地转为经济适用房、廉租房等不同的模式，并分类征缴土地出让金、相关税费或决定租赁时长。

4."房改"模式

20世纪90年代兴起的"房改"启动了现行的住房政策，其核心含义是原单位福利房住户通过向单位补交"房改款"从而获得土地使用权。"小产权房"改革与之形式相同，但本质不同——"小产权房"是集体土地，"房改房"则为国有土地。

笔者认为可由村集体（或相邻几个村集体）组成一个开发管理公司，向城市政府统一出售转化其集体土地中的建设用地，提高整体议价能力，减化原土地征用过程中的环节，待转为国有土地之后再由各住户统一向上述开发管理公司补交"房改款"，于政府和住户而言减少了交涉对象，于村集体而言好比"整存零取"，提高了议价能力。该模式或许是三方整体经济效益最高的模式。

六、"小产权房""转正"途径的保障

上述种种模式仍未跳出补交土地出让金与税费换取产权，或者放弃产权从而转为租赁模式，因此"小产权房"改革的核心仍在于土地管理与流转程序的改革，这一过程虽然牵扯到基本国策与各方利益，但如果不改，迫于经济压力和诱惑，"小产权房"（或类似事件）必定会死灰复燃，甚至再成燎原之势。为保证上述模式得以实行，同时也为了防患于未然，笔者建议如下保障措施：

1.完善土地与房产流转体系，保障土地开发与使用的程序正义

"小产权房"的症结核心正在于《土地管理法》对于集体土地的流转与开发限制极多，集体土地所有权虽然归为村民，却不能由村民自行处理决定用途，与《宪法》、《物权法》也多有相悖之处，因此《土地管理法》的修改已经迫在眉睫[28][29][30][31]。目前已经提出的建议包括"产权组合"[32]、"统一两个所有权"[33]、"所有权社会化"[34]等，成都[35]、重庆[36]、广东等地已在试点，北京也开始承认农民自住房上市交易[37]，城乡土地"同地同权"、"两权归一"应该成为城乡统筹的重要部分予以确认[38][39][40]。

此外，"小产权房"的转正涉及到方方面面的利益，其中的主要矛盾包括县市政府与村集体及村民、住户与村集体的利益协调。应完善基层民主，设立完善的协商与听证会机制，以减少社会矛盾，协调各方利益。

2.完善土地与城乡规划，利用物业税率杠杆保障用地结构

部分"小产权房"侵占耕地和基本农田，触犯了土地与城乡这两个指导城乡建设的根本规划。然而如此巨大的违法建设量，如果一并拆除，除了造成巨大的浪费之外，还会引发社会动荡，并不可取。

因此，政府相关职能部门应首先明确整治的时间节点与指导原则，调整土地与城乡规划[41]，将建成"小产权房"的用地按照上述原则进行归类，并予以公示。对于侵占公共空间、绿色空间，尤其是基本农田的"小产权房"，可以采用较高的物业税率，以补贴城市其他地方的基本农田开垦和公共空间恢复，达到城市用地与空间的动态平衡。

3.加大保障性住房建设，完善其分配体制

加快保障性住房的建设，是消除"小产权房"购买市场，抑制"小产权房"建设最为重要的手段。而更为重要的是完善保障性住房分配机制的公平性，在制度上、经济利益上杜绝违法占用土地的行为，从而真正实现居者有其屋。

注释

1. 张莹. 香堂村的小产权之困[J]. 民主与法制, 2007(13): 7~39

2. 朱中原. "小产权房"倒逼改革[J]. 中国改革, 2008(3): 36, 38

3. 郭雪鹏, 朱锡生, 季磊. "城市小产权房"成因分析及应对[J]. 湖北经济学院学报(人文社会科学版), 2009(1): 60~61

4. 文林峰, 杨玉珍. "小产权房"不能解决城镇居民的住房问题[J]. 城乡建设, 2007(8): 52~53

5. 许历. "小产权房"的福利经济学分析——法理"灰色地带"的有功之臣[J]. 全国商情(经济理论研究), 2008(12): 95~97

6. 孟谦. "小产权"房的无奈选择[N]. 社区, 2008(4): 8~9

7. 陈文雅. 宋庄画家村: "小产权房"第一案[J]. 中国市场, 2008(2): 20~21

8. 邓新华. 宋庄案和解: 小产权房创新典范[EB/OL]. 搜狐财经(国内财经), 2008.4.23, http://business.sohu.com/20080423/n256473558.shtml

9. 阮可. "小产权房"的风险链[J]. 中国土地, 2008(2): 45~46

10. 卢向虎, 余建斌. "小产权房"何去何从[N]. 调研世界, 2008(5): 26~28

11. 唐艳明. 北京黄村镇小产权房调查[J]. 城市住宅, 2008(08): 25~27

12. 黄泽勇. 对小产权房屋的思考与研究[J]. 贵州警官职业学院学报, 2008(3): 83~86

13. 李长健, 邵江婷, 张磊. "三农"视野下的我国小产权房法律问题研究[J]. 三峡大学学报(人文社会科学版), 2008(7): 78~82

14. 严焰. "小产权房"的形成原因与出路探究[J]. 特区经济, 2008(2): 213~214

15. 张莹. 香堂村的小产权之困[J]. 民主与法制, 2007(13): 7~39

16. 戴超, 席枫. "小产权房"的负外部性分析[J]. 全国商情(经济理论研究), 2007(12): 117~118

17. 蔡文清. 经济观察报[N]. 2007.12.17

18. 王军. "小产权房"的是是非非[N]. 瞭望, 2007.29: 4

19. 王海卉. 从"小产权房"看农村土地制度的变革[J]. 规划师, 2008(4): 51~54

20. 王秉忱等. 中国城市化率现状调查报告[M]. 北京: 第二届中国城市化国际峰会, 2008.12

21. 郭清根. "小产权房"现象中政府职能缺失和处置对策[J]. 河南社会科学, 2008(9): 41~43

22. 刘敏. 从博弈角度分析小产权房出现的原因和出路[J]. 商业经济, 2009(1): 37~38

23. 刘彦, 谢良兵. "小产权房"的合法化曲径[N]. 中国新闻周刊, 2007(7): 30

24. 陶美珍. "小产权房"问题及对策思考[J]. 南京社会科学, 2008(9): 47~50

25. 郑娟尔, 章岳峰. 处理"小产权"房的政策建议[J]. 城乡建设, 2007(8): 56

26. 张志莹. 从成都"小产权房"中得到的启示[J]. 中国房地信息, 2008(6): 75~76

27. 胡传景. 从"小产权房"谈农村建设用地自由流转制度[J]. 国土资源, 2008(4): 36~39

28. 马云. "小产权房"若干法律问题研究[D]. 华中师范大学硕士学位论文, 2008

29. 张雅淳. "小产权房"法律问题刍议[J]. 云南大学学报法学版, 2008(3): 115~120

30. 吴春岐, 刘宝坤. "小产权房"历史与未来的法学透视——"法学专家透视小产权房现象"沙龙综述[J]. 房地产法律, 2008(4): 30~32

31. 张伟. 关于小产权房合法化的法律制度探究[D]. 中国人民大学硕士学位论文, 2008

32. 罗夫永. 产权组合——对"小产权房"的制度经济学分析[J]. 中国青年政治学院学报, 2008(5): 71~76

33. 乔新生. "小产权房"的制度创新经验[J]. 中国改革, 2007(8): 62~63

34. 黄雪莹. "小产权房"的法律出路——以所有权社会化为视角[J]. 研究生法学, 2008(4): 60~66

35. 成都市人大. 成都市全国统筹城乡综合配套改革试验区实施总体方案(草案)[M]. 成都市第十四届人民代表大会第六次会议, 2007.12

36. 齐东文, 熊昭. 从"小产权房"的合法化到土地管理体制改革——重庆统筹城乡的一个视角[J]. 西南农业大学学报(社会科学版), 2008(2): 38~42

37. 北京市发改委. 关于进一步推进本市第一道绿化隔离地区建设的意见, 2008.7

38. 刘维新. "土地二元产权"体制——"以租代征""小产权房"久禁不止的症结[J]. 北京房地产, 2008(4): 72~73

39. 黄学里. 产权论视域下的小产权房问题探究[J]. 财经政法资讯, 2008(6): 20~29

40. 罗文剀. 城乡统筹背景下破题"小产权"房问题[J]. 成都大学学报(社会科学版), 2008(8): 139~141

41. 高英. 《城乡规划法》与小产权房问题[J]. 硅谷, 2008(10): 189

作者单位: 北京大学城市与环境学院

越南城市自建房的发展与住房可支付性问题
Housing Affordablity and the Role of Self-Reliant Housing in Vietnam

黎皇兴 *Li Huangxing*

[摘要] 从1986年开始实行革新开放的政策后，越南取消了福利分配住房制度，同时允许城市居民自己建设住房来减缓住房供应压力。从20世纪80年代末开始，越南城市绝大部分新建的住宅都是自建房，其很快成为了越南各个城市最主要的居住模式。在城市化发展初期，自建房由于具有很多优点，例如合理的价格和多样性的选择等，很好地缓解了由于经济发展和城市人口剧增而引起住宅供应紧张的局面，改善了住房可支付性条件。但另一方面，自建房的爆炸性发展也给城市的健康发展带来了很多问题，例如土地利用效率低下、基础设施不合格、缺乏开放空间以及对城市规划实施管理造成困难等等。于是，在新的发展阶段里，如何看待和处理自建房问题便成为了越南城市发展的重要课题，同时也关系到越南住房市场的健康发展。本文通过回顾和分析越南河内自建房的发展情况，对这些问题进行了初步的探讨。

[关键词] 自建房、住房可支付性、越南

Abstract: *After economic reform (Doi Moi) was introduced in 1986, Vietnam abandoned its subsidized housing policy, and instead, created conditions to encourage people to build their own houses. Since the late 1980s, most of new housing was built using individual resources. A house construction boom, mainly by households could be seen everywhere. As a result, a new patterns of residents dominated by self-reliant housing have emerged. In Vietnam's major cities, housing shortage brougt by economic and population growth has been dealt with the self-reliant housing activites. The great diversity of self-reliant houses on price, structure and location, met the demand of citizens in this transition period, and was playing a very important role on improving affordability condition for housing market in these cities. While such activites are encouraged for provision of adequate housing for urban population where government attempts and industry market fall short, they also raise issues such as legality, efficiency of landuse, adequacy of public infrastructure provision, lacks of open spaces, and difficulties in urban planning management. What is the future of self-reliant housing? Will it still to be a good choice for housing affordability? And which kind of policy should deal well with many limitations of self-reliant housing, while promoting its advantages during the process of establishing a healthy housing market in Vietnam? This paper briefly discuss on these questions by reviewing actual status of self-reliant housing in Hanoi city. It also refers to Vietnamese government's recent policies and ongoing actions on low-income housing.*

Keywords：*self-Reliant Housing, Housing Affordability, Vietnam*

一、越南住房政策改革与自建房的发展

越南城市住房问题历来都是很突出的，尤其在一些大城市。而随着城市化速度日益加快，这个问题变得越来越复杂。

越南自从1986年实行革新开放的政策以来，社会经济发展取得了很大的进步。十几年经济的持续快速增长，使越南国民收入水平不断提高。2008年越南人均GDP约为800美元，预期今后两三年可以突破1000美元关口，之后越南就要进入从低收入国家向中等收入国家过渡的发展阶段。伴随着政治经济的转型，越南社会也正在经历着从农业社会向现代化城市社会的转变。虽然目前越南城市化水平还比较低（2007年为27.5％），但城市化速度正在加快，近几年年均增长率都在2％以上。在快速城市化的背景下，城市住房、城市规划、环境保护、社会文化发展等问题日益尖锐，同时这些问题之间又呈现出很强的关联性，需要从综合的角度去认识和寻找解决的办法。

1.住房政策改革

在实行改革之前，越南的住房和城市规划制度学习的是前苏联模式，城市住房主要由政府统一规划建设、统一分配，法律上不允许私人从事住宅开发建造活动。公共住房的分配对象主要为公务员和国企员工，一般的居民无法享受这些政策。实际上，这是越南非常困难的时期，长年的战争以及后来十多年的封闭发展使得经济濒临崩溃的边缘。因此，政府投入到城市住房建设的财力非常有限，无法改善城市住房条件。越南首都河内在20世纪80年代末，只有大约30％的国家公务员住在政府提供的住房（JBIC，1999），其余的人需要通过其他方式解决住房问题。这一时期，河内市的人均住宅面积只有5m^2，住宅质量也很差。

革新开放后，越南的住房领域发生了很多变化。1991年政府颁布《住房法令》，正式明确了多样化的住房政策，并鼓励居民和私人资本参与住房建设。1992年政府正式停止了福利住房政策，并在随后几年逐步把大部分公共住房私有化。河内市建成区1989年私有住房的比例为47.3％，到2005年达到了91.3％（Yip, 2008）。土地政策的改革同时也对住房市场发展和城市建设模式产生了重大的影响。1987年的土地法确定了土地"全民所有，国家统一管理"的原则，确定了土地所有权和土地使用权相分离的原则，初步实现了土地产权清晰化，为后来市场经济的建设铺垫了基础。1993年的土地法，规定了土地使用权可以转让、出租等原则，进一步完善了土地产权细化改革。由于城市居民居住土地的使用权可以转让和租出，居住用地就成为了一种商品，土地炒卖马上成为了社会的热点，越南的第一轮土地热就出现在这个时期。亚洲金融危机后，从2000年起，随着经济的复苏，越南的第二次土地和房地产热开始升温。2003年政府出台新的土地法，进一步规范土地市场，提出一些新的规定来减缓由于非法交易、土地投机等现象造成的市场混乱，例如规定了关于征收土地使用费和土地租出费、土地使用税和土地使用权转让税等。2005年颁布的《住房法》，是越南第一部关于住房的综合性法律。在之前十多年的发展，越南住房政策走的是一条渐进的改革道路，住房问题更多依靠市场、居民的积极性来解决，而政府作用非常有限。2005年的住房法才正式提出建立社会保障住房制度，包括面向社会低收入群体的社会住房和面向国家公务员的公务住房。但是这方面的工作尚处于启动的阶段，社会住房相关的规定标准、融资方式、土地供应制度仍需要进一步研究和落实。

2.自建房的爆炸性发展

从20世纪80年代末开始，在政府政策的允许下，自建房开始了爆炸性的发展。在越南各城市，特别是一些大城市，到处都可以看到自建房的存在。自建房成为了越南城市主要的居住模式。绝大部分城市自建房都是自发性的，没有获取建设许可，理论上是属于非法的行为。私建住宅的发展实际上超出了政府的管理范围，呈现出失控的状态。

实际上，这些非正规的自建活动在越南改革前也一直存在。由于政府提供住房的能力有限，不能享受公共住房的大部分居民必须采取各种手段来解决自己的居住问题。在这个时期，一方面法律上不允许居民自己建房；另一方面由于经济条件非常有限，大部分非法建设的住宅是在非法占领的地块上搭建起临时性的建筑物，住宅质量很差。该时期也一直存在一个住房交易和建筑材料黑市场。这些非法性的建设实质上是失败的福利住房政策导致的必然结果，而当政府取消管制时，这些活动成为了居民改善自己居住条件迫切而合法的权利。统计资料表明，1985年河内市完工住宅面积为8.5万多平方米，其中自建房所占的比例为50%，1986年该比例增加至84.5%，1990年则达到92%。在越南最大的城市——胡志明市，情况也是一样的，从1986年到1993年，居民私建房占新建住房总面积的60%（JBIC，1999）。

在河内市，从1992年起，政府开始成立一些国营公司，并通过招商引资的方式，启动了一些大型公寓类的住房项目。然而，这些大型项目进展非常缓慢。由于国家财力非常有限，大多项目要依赖于外国（主要是其他东南亚国家）的资本。在1997年亚洲金融危机爆发时，这些项目处于停滞状态。其中，不少项目要重新规划，将原来规划的高层公寓用地分成若干小地块，然后卖给居民，让他们自己建房。这些正规的房地产开发项目的出现，使住房的提供开始出现多元化的趋势。但是正规的住房开发总量还是非常有限，无法满足城市由于长期住房短缺以及大量新增城市人口对新住房的需求。因此，自建房在这时期还是占了主导的地位。统计数据显示，20世纪90年代河内市的新建住宅总建筑面积中，自建房占到70%。这时期，非正规的土地和自建房市场也开始迅猛地发展，自建房成为社会所认可的一种投资和经营手段，不少人开始从事地皮炒卖和非正式小规模住宅开发等活动。

2000年以来，越南经济的快速增长推动了正规的房地产业的发展。在河内，20世纪90年代成长起来的一些国营、私营开发商开始进行一些更大规模的开发项目。另外，大量的外国资金也开始进入越南的房地产市场，正规的房地产开发活动得到了迅猛的发展。随着正规住房市场的壮大，政府从2001年开始限制分地块自建的开发方式，随后几年自建房的比重有所下降。但是，由于大部分房地产开发项目都只注重中高档的住房市场，实际上无法满足大部分居民对于廉价住房的需求。另外，在这几年城市向外围快速发展的过程中，城市近郊的非正规城市化现象日益严重，是自建房发展集中的地方。由于这些原因，近几年河内的自建房又呈现增长的趋势，建设规模也大大超过了20世纪90年代的水平（表1，图1）。

河内历年新增的建筑面积 表1

完工建筑面积(km²)/年份		1999年	2000年	2001年	2002年	2003年	2005年	2006年	2007年
总数		416	597	843	1036	1284	1509	1850	1557
中央建设		36	82	155	335	541	561	522	386
地方建设	总数	380	515	688	701	743	947	1327	1170
	其中								
	地方预算	18	——	85	111	162	154	206	169
	商业建房、居民联营	76	105	178	175	221	292	371	251
	居民自建	286	410	426	415	360	500	750	750
居民自建所占的比重		68.75%	68.68%	50.53%	40.06%	28.04%	33.13%	40.54%	48.17%

（资料来源：河内统计年鉴—Hanoi Statical Year Books (2002, 2004, 2008)）

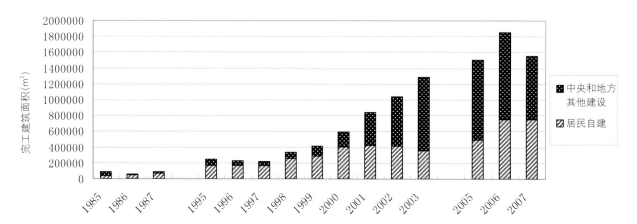

1. 越南河内市1985～2007年住房建设量变化趋势
（资料来源：作者自绘（根据河内统计年鉴——Hanoi Statical Year Books 1990, 1998, 2004, 2008））

3. 自建房的种类和特征

自建房已经成为越南城市最主要的居住模式，是城市中最普遍的建筑现象，实际上也决定了越南城市的形象。在越南任何城市的任何角落，都会看到这类住宅的存在。多式多样、缺乏协调统一的建筑风格和建筑尺度所造成的拥挤和混乱的街景，也会留给每个旅行者深刻的印象。

从法律的角度来看，自建房分为合法的和非法的。建设法规定居民进行房屋建设或大修都需要向当地有关部门（区、县或街道办事处规划管理科）申请建设许可证。但是实际上，由于管理不力，绝大部分自建房是没有申请许可的。另外，由于缺乏详细的法律规定和科学的管理办法，对这类住宅的管理没有太多实际意义的作用。

自建房从本质上是一种自发性的活动。住房建设完全取决于每个家庭的财政能力和他们改善居住条件的愿望的强烈程度。在绝大多数情况下，建设住房是一户居民的独立行为，而不是一种有组织、有计划的活动。就是这种自发性的本质，决定了自建房多样性的特征，表现在：多样化的规模和建筑样式；建设标准和房屋质量千差万别；多样的土地来源和资金来源；多样化的施工方式（如承包给施工队或自己管理，一次性建完或分期建设）等等。

从建筑规模来看，自建房一般是在一块面积为30～80m²，宽度3～5m，深度10～20m左右的狭长宅基地上建起2～4层的小楼房。住房建筑一般只有前边一个立面，而其他三面墙是紧靠周边的住宅。由于狭小的用地和高密度的建设，一般这些住宅通风采光条件都比较差，房间功能布局也很单调。

按照行为方式来看，自建房的种类可以分为：
（1）在新买的地块上建新房，房主一般是通过家庭储蓄或者转卖以前的旧房获得资金；
（2）在原有的旧房位置上进行重建、改建；
（3）通过分割、转让一部分宅基地获取资金来建新房（常见于城市周边的村庄）；
（4）在分配到的地块上自建房（国家机关部门拿出自己的土地或申请到土地后分配给自己的职工）。

二、住房可支付性问题

1. 市场失效和政府失效引发的问题

在河内市，从2000年开始，中央和地方政府通过国营公司进行的大规模住房开发项目数量不断增加。另外，私营和合资的房地产企业大量出现也使得河内住房生产和供应呈现出多元化的趋势。但是，从这些正规住房的供应量和价格来看，都无法满足目前河内住房的实际需求和大部分居民的可承受能力。

一方面，商业性房地产开发的本质目的是追求企业利润最大化，只注重中高档住房开发，忽视中低收入群体的住房要求。同时，住房供应相对紧缺以及投机性的因素也使得这种局面在很长时间内是无法改变的。国际的经验也表明，这是市场普遍性的问题，不能期望市场自己来解决，而必须通过政府以相应的手段来弥补市场的缺陷。然而，多年以来政府面向中低收入群体的住房项目，由于开发量很有限，且管理和分配机制不合理，所以其公益性很有限。2006年《住房法》开始实施后，面向低收入群体的住房问题才正式被列入政府的议程，但直到目前还没有实质性的进展。这些问题表明了政府在长时期内对于建立有效的住房建设制度未能起到明显的作用，是政府失效的具体表现。

目前河内中档公寓每平方米价格一般为1000～2000美元，一套房的价格在都在10万美元以上，与普通居民的支付能力相差甚远。根据www.globalpropertyguide.com网站的调查数据，越南目前正规的住房价格与周边的国家和地区相比虽然还低，但是相对于其人均收入来看，这样的价格水平使得越南成为住房可支付性最差的国家之一（图2）。

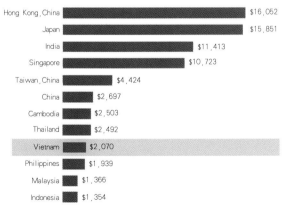

每平方米均价比较（美元/m²）
（各国重要城市中心地段120m²套房均价）

2. 越南住房价格与周边国家和地区的比较
（资料来源：www.globalpropertyguide.com，2009年02月数据）

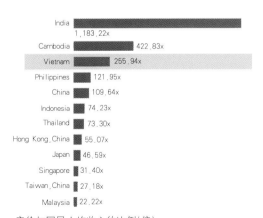

房价与国民人均收入的比例（倍）
（100m²套房价格除以国民人均收入）

2.自建房起到了缓冲作用

在面对住房供应中"政府失效"和"市场失效"同时发生的情况下，居民自给自足式的住房建设行为无疑是一种恰当的选择，同时也符合市场的规律。在面对正规性住房价格和租价高不可攀的情况下，绝大部分中低收入居民只能选择交通、环境条件更差的非正规的自建房（买地、自建、租房）。在河内，虽然正规的土地价格非常昂贵，但是一些周边村庄的土地价格相对低得多，也是大多数中低收入者集中居住的地方[1]。这些地方成为了城市化过程中外来人口融入城市的缓冲地带。

从越南革新开放以来社会经济环境的特殊情况来看，自建房无疑具有一些显著的优点，表现在几方面：

（1）符合这个时期城市中大量非正规性的就业模式。在工资水平很低的情况下，绝大多数城市家庭需要通过其他非正规性的经营或小规模手工生产来提高收入水平。这类住宅的独立性和良好的可达性满足了这种小规模经济生产和销售活动。

（2）经济适应性强。居民可以根据自己的经济能力选择购买不同区位、不同面积大小的地块，然后可以按照不同标准来建设，功能布局和建筑风格也是由自己决定。

（3）家庭投资和保存财富的很好手段。经过几次土地热之后，几乎所有的人都意识到了土地暗藏的财富。这种情况下，买地建房成为了每个家庭优先选择的住房类型。

三、自建房与城市健康发展的矛盾

1.城市住房恶性循环发展

自建房是人们通过自己辛勤的努力来改善自己的生活条件，在特定的历史时期发挥了积极的作用。然而，大规模发展这类住房将意味着城市土地的低效率利用，无法满足越南人多地少的现实对于土地节约利用的要求[2]。另外，在缺乏政府有效的引导和管理的情况下，自建房自发性的发展必将导致城市发展的混乱，无法满足城市空间健康和美观的要求，同时也会加大城市空间整治和改造工作的难度，增加城市开发的成本。

经验表明，人口密度高的发展中国家的城市住房短缺大都是由于土地短缺和低效率利用造成的。缺少以规划控制为代表的城市建设法制，自发性的建设将引发种种消极的外部性，造成低质量的城市环境；政府与市场双重失效，公共住房和商品房供应不足，市民只能进行私人自建房的建设，造成经济、社会和环境三方面的不可持续。在这种情况下，土地短缺和土地低效利用形成恶性循环，使城市被永久地锁定在住房贫困和发展不可持续的境地中（朱介鸣，2008）。

从河内市的具体情况来看，这些现象已经日趋显著，这要求政府尽快采取有效的行动来避免进一步的恶化。根据河内总体规划的预测，2005~2020年，每年要新增加的住房面积为300多万平方米（表2）。然而从近几年住房建设的情况来看（表1，2005、2006、2007年的数据），每年新建的面积都不到200万m^2，与规划的要求相差近一倍。如果政府和市场不能有效提供更多公共住房和合理价格的商品房来弥补这个缺口，而居民必须通过自建来解决的话，这巨大的自发性建设活动对于城市可持续发展会造成无法想象的后果。

2.加强政府的作用

很显然，自建房的大范围发展已经不能适应越南城市，特别是大城市在一个新阶段的发展要求。在过去的几十年内，由于种种原因，政府不论在计划经济时期还是在市场化阶段都没有发挥应有的作用，导致当前在城市住房问题上政府与市场双重失效的严重问题。如今，经过十多年的发展后，越南在各方面都已经积累了一定的基础，可以允许政府有条件发挥更大的调控作用。在这样的基础上，越南政府急需采取果断的行动，来改正目前不可持续的趋势。世界各国的经验表明，一个国家城市及住房健康发展的关键在几方面：（1）一个根据供需关系运作的高效率房地产产业；（2）具备足够财政能力的地方政府；（3）政府对土地市场和城市建设的有效管治（朱介鸣，2008）。

当然，这些目标并不都能在短时期内得以实现，特别是政府的财政能力的提高，必须依赖于国民经济的长期发展和积累。面对越南目前城市住房发展的具体问题，一方面政府要加快有关住房和土地的法制建设工作，来推动和规范房地产市场的发展。同时，加快保障性住房制度建设，加大政府投资建设社会住房的力度，来弥补商业住房市场的缺陷。另一方面，政府必须持公正的态度，并采取积极的行动来面对和解决短期内还大量存在的非正规住房问题。在短期内，政府需要通过直接或间接的手段来规范和减少这类住房所引发的消极的外部性，例如加强建设管理、制定合理的街区设计标准，或通过贷款优惠政策，鼓励非政府组织的参与来帮助贫困居民维修或重建住宅等等。而在城市更长的发展规划中，特别是在城市空间扩展的战略方向上，要严格限制非正规住房的发展。总之，限制非正规的住房发展必须与加大正规性住房供应相结合。

河内规划对2005～2020年城市人口变化和住房需求的预测[3]

表2

	2005	2010	2020
人口规模(万人)	315	365	450
家庭数(万户)	80	96	127
家庭规模(人)	3.94	3.81	3.54
住房面积总数(万m²)	3370	5320	8000～8800
人均面积(m²)	11	15	18
每年需要增加(万m²)		390	270～350

（资料来源：河内市规划局，HAIDEP报告，2007年）

四、小结

非正规性自建房的现象普遍存在于发展中国家。在越南，自建房爆炸性发展现象的背后是越南转型期特殊的经济政治条件，其对于改善大部分居民的生活条件及缓解住房供应矛盾起到了积极的作用。然而，人口密度高的越南，土地高度稀缺的现实不允许这类住房大规模发展。政府强有力的干预是扭转目前不容乐观的发展趋势的惟一选择。

注释

1. 笔者的一个朋友在河内工作多年，一直与同事合租房子。2007年他在河内新区周边的一个村子里买了40m²的土地，价值2.5万美元。在2008年建设了3.5层的房子，总面积125m²，花费2万美元（部分钱向朋友借的）。这样他总共花费不到5万美元就拥有了一栋条件可以接受的住宅，比周边正规的住宅便宜了很多。

2. 越南全国平均人口密度为257人/hm²，大大高于世界（47人/hm²）、亚洲（124人/hm²）或中国（137人/hm²）的平均人口密度（朱介鸣，2008）。另外，越南59%人口集中在三个区域中，北部红河三角洲平原、东南部平原和湄公河三角洲平原，人口密度非常高，分别为每平方公里1238人、438人和432人，同时这也是越南最重要的农业生产区域。

3. HAIDEP规划是在河内行政边界调整之前编制的。2008年越南政府决定将河内周边的几个省、县纳入到河内市。河内全市面积从原来的921hm²，扩大到目前3345hm²。行政边界调整后，城市空间发展和住房问题会更加尖锐。

参考文献

[1] Hanoi Statical Year Book，2008

[2] 越南国会政府法规数据库网站：www.vietlaw.gov.vn

[3] 越南河内规划局提供：Hanoi Integrated Development Program (HAIDEP) 演示文本，2007

[4] 朱介鸣，罗赤. 可持续发展：遏制城市建设中的"公地"和"反公地"现象. 城市规划学刊，2008(1)

[5] Yip Ngai Ming. Vietnam-Housing in Emerging Tiger Economy. HousingExpress 200809. HongKong: Chartered Institute of Housing (CIH) Website: www.cih.org.hk, 2008

[6] JBIC. Japan Bank of International Cooperation (1999): Urban Development and Housing Sector in Vietnam, JPIC Research Paper No. 3

作者单位：清华大学建筑学院

英国出租私房的复兴政策与实践：
20年来的经验与启示
Reviving the private rented sector in UK housing:
Review of policy and practice 20 years on

禤文昊 *Xuan Wenhao*

[摘要]在特定的社会经济背景下，1988年英国改革了出租私房部门长期以来的管制政策，在维持一定的租户权益保障的前提下，给予了市场更多的自由，从此拉开了这个长期衰落的住房供给部门在接下来20年的复兴历程。新时期的出租私房顺应大环境变化，迅速成为了住房体系的重要部分，扮演了积极的社会经济角色。而解除管制后暴露出的一些问题，也令英国政府重新思考自由与管制的平衡。本文回顾这些经验和教训，并探讨了其对我国出租私房政策框架的启示。

[关键词]英国、住房政策、出租私房

Abstract: *Under Housing Act 1988, the private rented sector (PRS) of UK housing was largely deregulated. The severely declined sector has revived since then, playing a more and more important role not only in housing system, but also in post-industrial society and economy. However, such a "new PRS" also brings in new problems, making the policymaker reconsider some regulation measure. This article reviews policy and practice in PRS of UK housing 20 years on, and try to draw lessons for China to learn from.*

Keywords: *UK, housing policy, private rented sector*

引言

在20世纪80年代，英国撒切尔政府推行的一场全方位的私有化改革运动深刻地影响了整个世界，住房领域是这场改革的重点。英国保守党1979年的执政宣言中，在住房领域提出了三点：

- 发展自有住房(Homes of Our Own)
- 出售廉租公房(The Sale of Council Houses)
- 复兴出租私房(Reviving the Private Rented Sector)

其中前两点引起了世界性的关注，并对包括我国在内的许多国家的住房改革思路产生了很大影响。而本文介绍的，则是此前国内较少关注的英国出租私房的复兴政策与实践。

事实上，出租私房在英语世界的住房研究中重新受到关注，也只是近十几年的事。在英语世界的主流意识形态中(Malpass & Murie, 1999, 10~14)，出租私房往往被视为19世纪自由资本主义时代的住房供给方式。进入20世纪以后，随着资本主义进入新的发展阶段以及国家宏观调控能力的全面提升，出租私房就被自有住房和廉租公房全面取代了，这个进程被认为是"住房保有结构的现代化"(modernization of housing tenure)。

拉开英国出租私房复兴蓝图的是1988年住房法案。20年来的实践表明，这个只待"现代化"改造的边缘部门，现在重新成为了住房供给体系中相当关键的一环。英国社会如今也已经广泛认同，一个活跃的出租私房市场是相当必要的(Ball，2006)。

众所周知，英国一直在不遗余力地推动住房自有，通过多年以来的补贴自有市场和大规模出售公房，其自有率现在已经超过70%。这样一个奉"居者有其屋"为圭臬的国家，对出租私房态度的急剧转变以及采取的复兴措施，多少带有某些必然性。我国自住房市场化改革以来，住房供应体系经历了十分类似的转型，在出租私房有待纳入实质性政策框架的情况下，当代英国的相关经验教训，有一定的借鉴意义。

一、历史背景

1. 出租私房的世纪没落

20世纪见证了出租私房在英国的没落，无论从结构上还是数量上。在20世纪初，约90%的英国住户居住在出租私房里：富裕的资产阶级租住豪华的公寓(apartment)，穷困的工人阶级则租住拥挤的营房(tenement)。然而自从1915年首次引入租金管制以来，出租私房政策在管制和解除管制中徘徊，但都未能阻止其被自有住房和廉租公房取代的命运。而到了20世纪80年代中期，这个数字跌到了历史性的8.5%。从住房存量上看，从20世纪初最高的750万套到现在约260万套，减少了2/3。传统的出租私房在英国似乎走到了历史的尽头。M.Harloe在20世纪80年代关于欧美出租私房的著作[1]，更像是为出租私房盖棺定论。

2. 公房大量私有化后的失能

20世纪80年代廉租公房的出售导致了"残余化"(residualization)，其基本丧失了对市场的调节功能。英国廉租公房的建设在二战后达到高峰，甚至一度超过私人开发商的建房数量。然而1980年住房法案推行公房出售政策(Right to Buy)以来，存量中较好的廉租公房迅速售罄，最后仅剩下最差的公房和最穷的租户。这些廉租公房社区的就业、治安等问题极为突出，形成所谓的"残余化"现象，招致社会的广泛批评。而新公房与新城建设的逐渐停滞，也进一步加剧了公房危机。吸引力的丧失，使廉租公房沦为最后的避难所(last resort)。人们避之犹不及，根本不可能指望它能影响日益独大的自有住房市场。

3. 自有住房市场周期性危机的影响日益社会化

市场总有周期性起落，自有住房市场独大以后，房价的起落就变成了社会性的住房危机(图1)。在过去，有公私租房部门保底，人们进入自有住房市场主要是改善性需求和投资性需求，相对量力而行。而公私租房部门都严重萎缩后，人们只能转向自有住房市场来解决基本住房需求，房价就取代了租金，成为直接的社会问题。从1983年到1989年，英国房价一路走高，全英一套单元住宅均价从30000英镑涨到70000英镑，溢价从-3000英镑增加到近20000英镑[2]。与此同时，全英在册的无家可归户数暴增，从1979年的70232户上升到1991年的178867户(Malpass & Murie，1999，98)。在住房数量基本平衡的情况下，住房结构的问题显得异常突出。

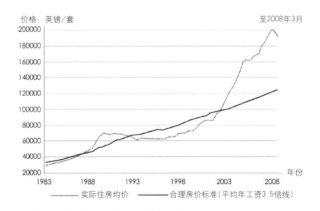

1. 英国平均房价走势与合理房价标准对比
(资料来源：Halifax (NSA)，2008)

4. 后工业时代的宏观经济转型对住房供给体系提出新要求

20世纪70年代的石油危机以后，全球化、产业转型升级是发达国家普遍要面对的问题。英国在20世纪80年代从区域到城市、社区各个层面的整治更新运动(regeneration)就是这一宏观经济背景的产物。在住房领域，政府一方面希望通过自有住房市场拉动内需，提振经济；另一方面又希望提高劳动力流动性(mobility)，以适应产业调整的需要，这就要求有足够的租赁住房供给。这样，在继续推动自有住房的前提下复兴租赁住房部门，就不仅是出于某种选举策略的简单考量，而是宏观经济的真实需求。

在这样的背景下，到1988年前夕，英国对住房政策有了一个"基本且亟需的重新审视"(Young,1991)。社会终于意识到自有化不大可能解决全民的住房问题，无家可归者的迅速增加就是明证。无论是住房体系本身还是宏观经济转型，都需要租赁住房继续发挥重要的社会职能。由于公房私有化政策已覆水难收，保守党将希望放到了行将就木的出租私房，寄望于通过对出租私房解除管制，推动该领域的复兴，或者更准确地说——"复活"(revitalization)。

二、出租私房的政策法规改革

1987年，英国实行了近20年的自有住房贷款利息补贴在如潮的批评声中被宣布逐步取消，初步扭转了一些制度性的租买不平等。而接下来的1988年住房法案，则标志着实施多年的出租私房领域的管制开始逐步解除。这一法案，堪称英国出租私房自1915年以来最重要的分水岭。

1. 改革前英国出租私房政策法规的管制特征

在英国法律中，住房租赁(tenancy)是指"一方占有由另一方所有的房屋连地基(premise)而做出的一般安排。习惯上是通过货币支付，也就是租金，来取得该权利。"形成住房租赁的四要素是："明确的协约方；明确的房屋连地基；租期有约定；占有权的排他性。"(Arden & Hunter, 2003, 24~28)

一般的租赁模式为以下两种：

(1) 续期型(periodic)：通常以缴租周期为合约期，如双方无异议，将自动续期。双方均有权提议终止，而提议的方式和提前时间均有严格的法律规定，以保护双方权益。

(2) 定期型(fix-term)：租赁关系有明确的终止期限。在合约期内，在房东同意的前提下，租户可提前终止租约(surrender)。如房东希望提前终止，称为弃权(forfeiture)，租户有权提交法院裁决，避免被逐出(eviction)(1977年的逐出保护法案)。

在早期资本主义时代，出租私房几乎是全社会住房需求的惟一供给方式。租金长期以来得以只升不降，令工人阶级饱受剥削。1915年，第一次世界大战正进行得如火如荼，格拉斯哥军火工人利用这个有利机会组织大罢工，要求进行租金管制。这场罢工最终取得了胜利，也拉开了20世纪国家全面干预住房领域的序幕。此后，尽管有所反复，但主流出租私房市场[3]完全自由的状态已一去不返。出租私房领域的管制并非英国专利，事实上，几乎所有欧美发达国家都有类似的制度。

在1988年改革之前，英国出租私房领域主要实行的是1965年住房法案(1977年调整)的"公平租金"(fair rent)制度[4]。所谓"公平租金"，是由定租官(rent officer)综合考虑一切客观因素[5]，以及最重要的，忽略当时房源的稀缺程度而取定的。该租金登记在案，接受公众监督，不服可上诉至租金估价委员会(Rent Assessment Committee)。

除了租金的管制，还要有对租户续租权利的保护，防止其被无理逐出，才能构成完整的管制。这两者是相辅相成的：如果房东可以随意逐出租户，则租金管制将失去意义；如果租金可以随意上涨，则租权保障也将失去意义(Arden & Hunter, 2003, 178)。1977年住房法案规定，合约失效之前，没有租户的同意，绝不允许逐出[6]，而且租户拥有绝对的续租主动权，续约的保障度不低于以前。房东要收回房产，必须通过法律途径，并提供足够的法定依据[7]。在这类管制租赁里，相当部分可以继承。

总的来说，从1915年历史性地首先使用租金管制，到1988年法案之前为止，英国出租私房市场的政策法规始终强调对房东权力的限制和租户权利的保护，在租金水平和租权保障两方面进行全面管制。

2. 解除管制：1988年住房法案对出租私房领域的处方

20世纪80年代以来席卷全球的新自由主义思潮认为，正是管制严重挫伤了房东的积极性，从而导致出租私房的没落，尽管历史似乎并未给出经济学般直率的证明。无论如何，解除管制(deregulation)成为了1988年住房法案对出租私房领域开出的处方。

在1988年住房法案中，英国政府全面推广两种管制度较低的新租赁模式："担保租赁"(assured tenancies)和"短期租赁"(shorthold /short tenancies)，以逐步取代原有的管制型租赁。法案于1989年1月15日起生效。此前历史遗留的租赁统一归为"保护租赁"(protected tenancies)，在1977年的基础上对"公平租金"制度作了一些调整，主要是定租标准的变化：从价值参照变为市场价格参照[8]。法案生效后，不再批准新的"保护租赁"。

(1) 担保租赁

担保租赁是1988年住房法案主推的租赁模式[9]，以取代此前的管制型租赁。

租金问题是突破口。在担保租赁中，无论是续期型或是定期型，租金都是租赁双方自由商定，按租约执行。合约期内租户不再有类似1977住房法案所规定的申请"公平租金"的权利。但是加租将会受一定管制：房东必须按法律规定提前一定期限知会租户并进行商议，如果存在争议，可提交租金估价委员会裁决，并按裁决结果执行；另外，加租周期不得小于一年。

租权保障方面，担保租赁则基本沿袭了旧制，仍赋予租户较大的续租主动权。"担保租赁"通常是续期型的。如果是定期，那么租期结束以后，也将自动转成"法定的续期租赁"(statutory period tenancies)，周期就是交租周期，例如按月付租，则租约自动按月延长。终止方式要走法律途径，房东必须提供合理的逐出依据(Grounds)，交由法院裁决。房东也可以选择再签一份新的租约，称为"法定的合约租赁"(statutory contractal tenancies)。新租约一般必须建立在保障度不低于原合同的基础上，否则必须征得租户同意。

(2) 短期租赁

短期租赁是1988年法案推广的另一种租赁模式，这种租赁模式下的租户只享有有限的租权保障。

在短期租赁下，当定期型的租期期满（租期至少6个月），或续期型持续超过6个月以后，只要提前通知，就可以无条件解约。若房东与租户均认可租赁关系继续，则自动转为法定担保租赁（周期或合约型）。

作为平衡，短期租赁在租金方面又比担保租赁有更多的保障。租户有权申请"租金比照"(Rent Reference)，即向租金估价委员会提出裁定租金的请求。这种权利在首个租期内（1996年法案后缩短至起租后6个月内）可以无条件使用一次。之后，仅当房东要求提租时，才可以使用。租金估价委员会的估价原则是比较，即基于周围类似案例的市场价作出裁决。如市场价案例不足，租金估价委员会有权不作决定。租户保留继续申请权。租金估价委员会一旦定租，会同时确定新租金的执行日期。房东此后1年内无权加租，而租户此前多付的租金将不作补偿。

3. 新型出租私房体制的最终确立：1996年住房法案

在1988年住房法案的基础上，1996年住房法案再进一步：从生效日[10]起，短期租赁将取代担保租赁，成为所有新立租约的默认安排。这意味着一个新型的出租私房体制最终确立。

在1988年的政策设计中，担保租赁是放宽租金保护，维持一定的租权保障；短期租赁是放宽租权保障，维持一定的租金保护。与之前全面管制的法规相比，这种安排有较强的过渡色彩。毕竟房东在短期租赁模式享有的权利比担保租赁更多，因此实践中新的租约肯定倾向于短期租赁。而担保租赁似乎更多是出于消化历史遗留的管制性租赁来考虑——在维护租户居住保障权的前提下，给予房东更多加租空间。到了1996年，历史遗留问题已经基本消化，短期租赁就正式成为出租私房市场的新标准模式。

作为默认首次租赁模式的短期租赁，在期满时给了房东一次无条件不续约的主动权。只有在双方都不打算改变现状的前提下，租户才能在日后的续约问题上拥有主动权。在这个新的出租私房体制中，房东重新掌握了主动权，大大有别于20世纪传统的"反房东主义"(anti-landlordism)式管制；租户的租权保障有所架空，但也不至于回到19世纪的完全自由放任的状态。

三、改革以来的实践

自1988年住房法案解除管制以来，英国出租私房就出现明显的复苏迹象。出租私房在住房体系中的份额从最低点的8.5%缓慢恢复到了2007年的约12%[11]。这个过程大约经历了两个阶段：第一阶段是1989~1995年，公房租户大量转入出租私房领域；第二阶段是1996年至今，在住房法案进一步解除管制、房价回升以及购房出租抵押贷款(Buy to Let mortgage)的刺激下，出租私房市场开始繁荣。改革20年的实践，成就了一个"崭新、活跃且扩张中的出租私房领域。"(Hughes & Lowe, 2007, 143)

1. 住房补贴的推动和公房租户的大量转入（1989~1995）

出租私房改革出台期间，英国的住房市场就已经出现严重问题。1989~1995年长达7年的时期里，英国宏观经济不景，股市不振，通货紧缩，房价暴跌，出现了资产负百万家庭，市场极为萧条。

在这一阶段，平均每年有30万的公房租户转入出租私房领域。究其原因，一方面是公房的持续"残余化"，导致许多公房租户希望寻找更安全的邻里、更便利的住房条件和更好的就业机会；另一方面，这部分中低收入的公房租户若改为租住私房，在当时可以通过申请住房补贴(housing benefit)来减免相当部分的租金成本。据统计，1988~1995年间，出租私房领域内住房补贴的申请者数量上升了80%(Wilcox, 2002)。

住房补贴体系对出租私房的推动实际上并非政策的刻意设计，并导致住房补贴的公平问题遭受质疑。当补贴体系调整了补贴的标准后，上述现象有所减少，但出租私房领域已经有所壮大，而且此时市场也逐渐有了起色。

2. 市场的升温与Buy to Let的兴起（1996~2008）

1996~2008年初，是英国经济整体复苏的阶段。由于此前经济滑坡期间自有住房市场观望气氛浓厚，投资房产出租逐渐变得有利可图。1996年法案的出台，更坚定了投资者的信心。此时，一种基于购房出租投资行为的新型金融产品——Buy to Let抵押贷款应运而生，在日后出租私房的复兴过程中发挥了重要作用。

Buy to Let指购买住宅以出租获利的投资策略，也指为此提供的抵押贷款类型，它是英国住房租赁中介协会Association of Residential Letting Agent(ARLA)于1996年9月创立的。此前，投资住房租赁业务一般是通过商业贷款，利率较高。当住房市场出现复苏迹象时，ARLA为拓宽租房中介市场，说服了一些金融机构提供专门的低息贷款以鼓励更多的人投资住房租赁。作为回报，ARLA要求享受低息贷款的投资者须把其所购的租赁物业交给他们的会员经营。而由于中介经营租赁物业具有一定的效率优势，可以大为降低风险，金融机构自然可以调低贷款利率。

金融机构随后意识到，其实完全可以绕开ARLA，直接提供有吸引力的抵押贷款产品以吸引更多的投资者。后来2006年英国房贷协会(the Concil of Mortgage Lenders)的报告也显示，Buy to Let实际上比大多数贷款更为安全。随着市场的升温，Buy to Let利率甚至已经相当接近自有住房的抵押贷款利率。个人投资者也表现得极为踊跃，因为这宗生意只需投入不多的本钱，以后就可用租金还贷，将来还能获得房价上涨带来的增益。

在资本市场看来，Buy to Let无疑是一个多赢的安排，但其发展之迅猛仍出乎人们的意料。ARLA关于Buy to Let的10年报告[12]中指出，"截至2006年中期，Buy to Let抵押贷款业务已发展到超过75万宗，总值高达840亿英镑。租赁住房物业的投资已经成为了个人投资活动的主流……Buy to Let物业里居住了超过100万的住户，相当于全国总住户数的5%～6%……对英国经济的贡献达到每年300亿英镑，超过了酒吧、旅馆和餐饮业等第三产业，四倍于汽车产业。"

Buy to Let极大地推动了出租私房市场的繁荣发展，在某种程度上也促进了复兴政策许多预期目标的实现。除了为金融市场增加了一个新兴的个人投资产品外，在10年报告中也提到：Buy to Let激励下出租私房的发展，在一定程度上改善了租买选择的不平等状况，有助于降低青年过早购房带来的风险，维持整个住房市场的稳定；有助于增强竞争性，提高住房产品质量和标准；在一些城市、社区的整治更新中发挥了重要作用等等。另一方面，Buy to Let也受到一些非议，包括刺激了市场投机，推动房价过快上涨等等。

在过去，房价的上升往往意味着出租私房的进一步萎缩，特别是在暴涨时期，因为房东出售房产比继续以管制租金出租更为有利。而在1996～2008年房价恢复并持续上涨的背景下，出租私房领域的份额居然还有所增加，则意味着解除管制政策以来，出租私房已经找到了自身存在的新基础。

四、当前出租私房领域的新特征

20年以来，随着英国社会经济大环境的变化，解除管制的出租私房领域逐渐找到了自己的角色，并开始呈现出与传统出租私房有别的新特征。

1. 概况：存量增长，质量改善，租金上涨幅度低于房价[13]

出租私房是这一时期存量增长最快的住房部门。出租私房存量1991年为193万套，2006年为261万套，增长了35.2%。而同期自有住房只增加了16.7%，社会住房（含政府公房和合作社公房）存量更出现了下跌。从私房租户占全部住户的比例来看，从1988年的9%上升到了2007年的12%。

出租私房的整体质量水平得到了一定的改善。出租私房领域的一个传统特征就是房龄普遍较大，居住质量偏低。2001年英格兰住房状况调查（EHCS）显示，40%的出租私房建于一次大战前。然而随着Buy to let兴起，出租私房逐步成为一项有吸引力的投资。根据D.Rhodes对Buy to Let房东的访谈调查显示，许多新当上房东的人为了节省维修管理成本，倾向于购买较新的住宅来出租（Hughes & Lowe，2007，chapter3）。正是这些新房的入市，拉升了出租私房领域的整体质量水平。

租金上涨幅度低于房价（图2）。1996～2006年，担保租赁的平均租金从382英镑涨到565英镑，增加了48%，年增长率约4%。而同期平均房价从70626英镑暴涨到180248英镑，增长了1.9倍（通胀校正后为1.75倍）。租金和房价的涨幅差，客观上导致了更多的人租房。

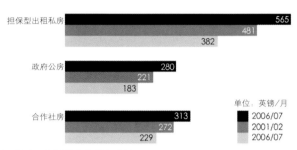

2.英国三种租赁住房租金比较
（资料来源：英国社区与地方政府事务部英格兰住房统计，2007）

2. 管制迅速式微，内部频繁流动

改革20年来，管制型租赁迅速式微。在新的出租私房领域内，市场水平租金的担保租赁从无到有一跃成为主流，占近3/4；过去占近六成的管制型租赁仅存5%以下；还有一些与就业挂钩的租赁[14]，仅限于该就业部门，并不对全体公众开放；最后有一些非主流的租赁形式，例如共住型租赁（resident landlord）[15]等（表1）。

出租私房领域的保有权结构（单位：%）　　　表1

	1994/1995	1999/2000	2004/2005
担保的（含短期）	56.6	65.8	72.8
管制的	14.2	6.7	5.0
其他面向公共的	9.6	8.3	8.0
非面向公共的	19.6	19.2	14.2
总计	100	100	100

（资料来源：Hughes D & Lowe S，2007，p5）

另外，出租私房内部的流动性大大增强，担保租赁的租权保障安排在实践中变得意义不大。改革前，在当前所租居所居住的时间不足1年的仅占25%，2007年上升到38%，2/3的人在当前居所租住不足3年，超过20年的仅有7%（表2）。

英格兰住户现居所的居龄构成2006～2007年（单位:%）　　表2

	1年以下	1～3年	3～5年	5～10年	10～20年	20～40年	40年以上	中位数居龄
自有住房	6	12	10	18	22	24	8	15.6
社会住房	10	16	12	21	21	15	5	12.1
出租私房	38	29	11	10	5	4	3	3.1

（资料来源：英格兰住房统计 2006～2007）

3. 目标市场化（niche market）

在近20年新的社会经济环境下，增长迅速的某些特定群体，成为出租私房主要的市场定位对象。

（1）学生。进入20世纪90年代以来，面对亚洲新兴经济体的竞争，英国经济困难重重，也使青年的就业前景比较严峻。这种状况下，大力发展教育产业就成为一举两得的解决办法。一方面吸引青年接受高等教育，延迟就业时间，积累人力资本；另一方面大力发展留学事业，通过留学生的就学和消费带动地区复兴。1997年工党政府执政后，进一步加大了教育产业化的力度。首相布莱尔甚至宣称要在5年内夺得全球高等教育1/4的市场份额。经过多年的相关政策推动，英国城市的学生人口数量持续增长，在爱丁堡，学生已经占了总人口的8%～10%。由于英国学校一般只提供极为有限的学生公寓，出租私房因而大受其惠，需求旺盛。

（2）新经济环境下的青年职业阶层（Young Professionals）。后工业时代英国大力发展第三产业，而各个地区的转型和发展程度并不平衡，因此就业比过去有了更强的流动性。前来寻找工作的年轻人为大城市的出租私房带来了市场。

（3）新移民。英国大城市一直是原殖民地国家地区移民的涌入方向，为新移民提供出租住房是不少老移民的传统生意。随着全球化的深化，来自东欧、中国等地的移民数量增长迅速，也成为出租私房市场的有力驱动者。

4. 租户特征：年轻化、独身化、经济活力较强

从英格兰的统计来看，总的来说，20～34岁的青年选择出租私房的比例大幅上升，而买房的比例有所下降。对于20～24岁的青年而言，出租私房更是首选，份额从1984年的约1/3上升到超过1/2；25～29岁的青年虽然首选买房，但随着房价的上涨而比例有所下降；步入30～34岁后仍未买房的人，在过去多数纳入社会租房的保障范围，而现在公私基本持平。

据2007年统计，30%的私房租户是单身户。有子女的家庭住户只有10%是租住私房，远低于自有住房（79%），也低于社会住房（12%）。另外，私房租户中经济失能者的比例是26%，远低于社会住房（62%），也低于自有住房（32%）。

5. 房东特征：个人化、年轻化、业余化

房东呈个人化、年轻化、业余化，与Buy to Let的低门槛有一定关系。据2003年英国住房调查统计，由个人拥有的出租物业20世纪90年代中期低于一半，而现在超过了2/3，压倒了专业从事房屋租赁的公司；房东中45%只拥有一套出租物业，不超过4套的占近3/4。个人房东的平均年龄在42岁左右，意味着近一半的人只会更为年轻。60%以上的个人房东经验在10年以内，只有17%的个人房东是全职的。

五、问题与对策

出租私房领域在解除管制20年以来也带来一些新问题。一是市场底部的住房质量和过度拥挤问题比较突出，二是出现大量个体业余房东，其经营水平受到一定质疑。

以2004住房法案为标志，工党政府开始采取一些措施来重新规范出租私房市场。但到底应如何规范，至今仍存在争议。

1. 市场底部的拆分出租问题

随着劳动力流动性的增强，短平快的短期租赁很有市场。特别在伦敦这样的国际城市，很多来寻找工作机会的人，为了节省开支，其居住需求有时仅仅是一个床位，于是，成套住房通过改造来进行分拆出租的行为相当盛行，数量占到了当前出租住房总量的1/6，其中又以2层联排（terrace house）的旧房[16]居多。改造中相当一部分是全面整修，由于涉及相关的建筑和规划标准，这部分的居住条件有所改善，但也有相当一部分有意规避这些标准。

由于拆分出租的收益率总比整个市场高，而这部分

英格兰年轻人的住房结构趋势（单位：%）　　　表3

年份	20～24岁			25～29岁			30～34岁		
	自有住房	社会住房	租住住房	自有住房	社会住房	租住住房	自有住房	社会住房	租住住房
1984	35	33	33	60	24	16	66	24	10
1988	41	28	30	64	23	13	72	21	7
1991	38	27	35	63	21	16	72	20	12
1993/94	34	31	35	59	21	16	72	20	8
1995/96	na	na	na	56	23	22	70	18	13
1996/97	28	28	44	54	23	23	65	19	16
1998/99	25	32	43	52	23	24	66	19	15
1999/00	27	28	45	54	30	26	66	18	15
2000/01	26	30	44	53	20	27	67	19	14
2001/02	23	32	45	52	19	29	65	19	16
2002/03	24	27	49	51	19	29	66	17	17
2003/04	20	29	51	50	19	31	64	18	18

（资料来源：英格兰住房统计，2003～2004）

租户往往又能申请到住房补贴，因此在紧盯利润的投资者眼里很有市场，同时他们并没有在改善住房质量上继续投资的意愿。

拆分出租盛行的另一后果，就是过度拥挤的问题重新凸显。据2001年有关统计，近年伦敦增长的人口中相当一部分就住在这些改造过的公寓里。

2.对Buy to Let房东的质疑

Buy to Let出乎意料的迅猛发展及其对出租私房行业的结构性影响，引起部分舆论的不安。有意见认为，Buy to Let门槛太低，投资者中相当部分是白领阶层，并不是全社会中经济实力最强的，令人担忧Buy to Let潜在的金融风险。也有意见认为，房东的分散化影响了规模效率，而业余化则使其缺乏长远眼光，不利于市场的健康发展。反对意见则辩称，宏观的统计数据上并未能证实这些观点(Ball，2007)。D.Rhodes根据对业余型和职业型Buy to Let房东的访谈调查(Hughes & Lowe，2007，chapter3)，也指出几乎所有的被访房东，无论业余型还是职业型，都有一个长期打算。

3.对策：再提管制？

尽管舆论普遍认为出租私房的运作与其理想状态还存在不小距离，但对于如何进行规范却存在分歧：一种意见认为只需对市场底部进行规范，而另一部分则认为应当整体规范(Rugg & Rhodes，2003)。

在这种情况下，工党政府在2004年的住房法案提出了比较折中的措施：

(1)出台更高的整体住房健康和安全标准，并对拆分出租的情况作了定义和规范。对群租房(HMO)[17]实行强制许可证制度，加强对市场底部市场运作的管理。

(2)针对外界对房东业余化的担忧，中央政府鼓励一些有助市场健康发展的志愿措施，例如行业内部的信誉认证体系，房东论坛等等。

(3)鼓励地方政府与房东合作沟通以实现住房目标。政府一直希望出租私房承担一定的住房保障功能，但又希望尽可能减少对市场的干预。除了继续对低收入租房者直接发放补贴外，也有推出专门的援助计划，应对无家可归者的临时居住问题(Luby，2008)。

2008年，在内外条件作用下，持续上涨10余年的英国房价触顶，随即开始暴跌，住房市场开始面对完全不同的状况。英国政府计划在2008年底出台住房改革绿皮书(Housing Reform Green Paper)，并于此前广泛征求意见。英国社区与地方政府事务委员会出版了租赁住房供应的专题报告，提出了一系列的政策建议：

- 要反思过度推动自有住房的政策取向，更加重视租赁住房部门；
- 出租私房的质量和经营水平是政策重点；
- 支持对过度拥挤(overcrowding)的重新定义；
- 要通过政策鼓励房东提供更长的租期；
- 支持发展更有保障的租赁形式；
- 对Buy to Let加强研究；
- 继续加强HMO的管理。

解除管制甫满20年，重新加强管制的呼声再次高涨。可以相信，出租私房政策将在不断地调整中更加成熟有效。

六、总结与启示

英国社区与地方政府事务部DCLG[18]现在形容出租私房是住房市场中"至关重要并且正在增长的部分(a vital and growing part)"[19]。通过对英国出租私房复兴政策和实践的回顾，主要有以下三点结论：

1.出租私房政策改革的成功不在于某种具体手段，而在于对形势的准确判断。

1988年住房法案是以复兴为目标，解除管制为手段的。20年来，从各方面来看，政策可以说取得了很大的成功。但恐怕不能像新自由主义那样单纯地认为，解除管制就能带来复兴，因为战后早期的1957年法案也有类似的解除管制措施，结果却导致了出租私房的进一步衰落(Hughes & Lowe，2007)。从英国当时的历史背景来看，解除过度的管制可以说是顺势而为，随后出租私房的迅速发展，可以说也是顺应时代的要求，而现在的重提管制，依然是时代要求。

2.实践证明，出租私房在当代住房体系中的织补作用应当予以高度重视。

在英国的传统观念中，出租私房处在住房体系的最下层级，只有那些买不起房又轮不上廉租公房的人才会租住私房，面对恶劣的居住质量和房东的剥削。近20年来，这种看法有了明显的改变。越来越多人认识到，一个活跃的出租私房市场是全球化和后工业时代对流动性的要求，也是当代住房体系中遭遇扩张极限的自有住房和严重衰落的廉租公房之间的重要织补者。

3.在自由与保障的平衡上，英国出租私房基本法规框架进行了多年的辩证演化，但无论如何调整，处于弱势一方的租户的基本权益总会受到认真保护。

与其他西方国家一样，英国多年大量的法规是围绕着房东和租户的权责展开的。政策往往是通过法案对法规修订来调节双方的平衡。在城市化工业化的高潮阶段，往往强调管制，以达到城市新增人口有稳定居住保障的社会目标；在后工业时代的转型期里，又强调解除管制，以鼓励其缝合分裂的住房体系。但无论如何调整，弱势一方的租户的基本权益总会受到认真保护。租金比照和租权保障等制度安排尽管是解除管制的主要改革对象，但仍坚持了一定的底线，为租户捍卫自身的合理权益提供了法律平台。

对我国而言，虽然所处的国情和发展水平不同，但仍可从英国的经验教训中获取启示：

1.出租私房应当视为住房体系的一个重要组成部分，并制定相应的住房政策框架。

在1998年住房供应体系的表述中，出租私房很大程度上受到了忽视，这导致我国相当一段时期的住房政策里有调控自有商品房市场的措施，有加大经济适用房和廉租房等保障性住房供应力度的措施，却惟独没有对出租私房市场的措施，这显然是不完整的。事实上，住房担负能力在普通商品房价格和经济适用房申购标准之间的规模庞大的"夹心层"，基本上要靠租住私房解决住房问题，长期没有相应的政策关注，有失公平。

2.出租私房政策的关键在于平衡租户和房东的权利义务。

我国曾经也实行过相当一段时间的极为严格的私房租金管制政策，结果导致住房长期失修，居住条件恶化。但自住房改革以来，出租私房一下子又走向了完全放任的局面，最突出的是房东通常可以以任意理由逐出租户，令其居所毫无稳定可言。事实上，这两种方式下，租户和房东的权利义务都是严重不对等的，都会对整个出租私房领域产生消极的影响。

出租私房是一个需要租户和房东相互合作才能实现较好效果的住房消费方式，有鉴于此，住房政策应当以促进合作为原则，首先就是双方权利义务的相对平等。在这一点上，英国出租私房的一些现行模式，例如"担保租赁"、"短期租赁"等，都是双方权利义务兼顾较好的，完全可以借鉴。

注释

1. Harloe, M. PRIVATE RENTED HOUSING IN THE UNITED STATES AND EUROPE. New York: ST. MARTIN'S PRESS, 1985

2. 英国将住户年均收入的3.5倍作为标准房价(real house price)，当时房价与标准房价之差为溢价。

3. 一些特别情况，例如面向学生、农林工人等特殊群体的租赁、节假日短租、转租、商务租赁、豪华租赁等等，会另有规定，不在一般管制范围。

4. 最早由1965年住房法案提出。

5. 包括房龄、房型、地段、维修状况、家具条件、合约条件等(1977年法案)。

6. 即使租户违反约定，例如欠租，房东也必须首先通过法律程序终止合约，再予以逐出。(Arden & Hunter, 2003, p166)

7. 例如欠租、毁约、毁坏房产、不端或违法行为等。

8. 某种意义上，改革后的公平租金已经成为市场价(忽略暂时性稀缺)，强调可比性而不是合理性。(Arden & Hunter, 2003, p179)

9. 担保租赁和下文提到的短期租赁都是在1980年住房法案首次提出，但其适用范围比较局部，进展也很有限。(Hughes & Lowe, 2007,p4)

10. 1997年2月28日

11. 以住户为统计对象。

12. Ball, M. Buy to Let, The Revolution 10 years On: Assessment and Prospects, 2006

13. 本节数据来源为2007年英国住房统计。

14. 由就业单位提供的租赁住房，这种通常和就业状态挂钩，没有一般的租有权保障。例如医院，警局，大学等提供的租赁住房。

15. 房东仅将房产的一部分出租，自己仍居住在另一部分的租赁方式。

16. 据统计，这些用于改造出租的住宅90%都建于一次大战以前。

17. Houses in Multiple Occupation，简称HMO，指出租给来自不同家庭的3人及以上，共用厨卫设施的一套单元住宅。

18. "社区与地方政府事务部"(Department of Communities and Local Government，简称DCLG)，是住房领域的中央行政主管部门。

19. 网站www.communities.gov.uk

参考文献

[1] Andrew M. Housing tenure choices by the young. CML. Housing Finance Issue, 2006(7)

[2] Arden A, Hunter C. Manual of Housing Law: Seven Edition Sweet & Maxwell, London, 2003

[3] Ball M. Buy to Let, the Revolution 10 years On: Assessment and Prospects. ARLA, 2006

[4] DCLG. Housing Statistics, 2007

[5] Harloe M. Private Rented Housing in the United States and Europe New York: St. Martin's Press, 1985

[6] Hughes D, Lowe S. The Private Rented Housing Market: Regulation or Deregulation? Hampshire: Ashgate publish limited, 2007

[7] Kemp P A. Private Renting in England. Journal of Housing and the Built Environment, 1998(13):3

[8] Kemp P A, Keoghan M. Movement Into and Out of the Private Rental Sector in England. Housing Studies, 2001(16):1

[9] Malpass P, Murie A. Housing Policy and Practice Fifth Edition. London: Macmillan, 1999

[10] Rugg J, Rhodes D. 'Between a Rock and a Hard Place': The Failure to Agree on Regulation for the Private Rented Sector in England. Housing Studies, 2003(18):6

[11] Luby J. Private Access, Public Gain: The use of private rented sector access schemes to house single homeless people Crisis and the London Housing Foundation, 2008(7)

[12] Minister of State for Communities and Local Government. Government Response to the Communities and Local Government Committee's Report: The Supply of Rented Housing 2008(9)

作者单位：清华大学建筑学院

大城市住房市场的空间分割及其政策意涵
——基于厦门市的实证研究

Spatial Segmentation of Metropolis Housing Market & its policy implication
——Case of Xiamen city

彭敏学 Peng Minxue

[摘要]随着住房发展的地方化，我国大城市的住房问题表现出明显的空间影响特征。文章以住房子市场理论为框架建立研究假设，采用住房价格函数来表达市场特征，并利用厦门的调研数据进行实证分析，进而探析大城市住房的市场结构及其空间特征。在方法上，用主成分分析提取房价的影响因子，用聚类分析对住房子市场进行划分，并采用Hedonic价格法进行多元回归分析，以验证市场划分的有效性。

对实证分析显示：厦门市民具有多种住房消费偏好组合，市区可划分为四个住房子市场，并呈现非均衡的空间分布。从老城区至新开发地区，子市场呈现明显的层级化空间特征，并在局部地区表现为极化分布。住房市场具有明显的"空间分割"特征。

进一步分析发现：城市空间拓展模式、城市开发决策共同导致了住房市场的空间分割，而促成市场分割结构的改进应当是住房政策的内在目标之一。文章提出，住房政策应当考虑大城市住房的市场结构和不同的子市场特征，以提高局部市场内居民住房效用；同时，城市空间规划也应当促进子市场的空间扩展和相互融合，这将从根本上提高住房资源的配置效率。

[关键词]子市场、价格模型、空间分割、住房政策

Abstract: In the decentralization & localization of housing development, the spatial aspects of housing problems in Metropolitan areas become more and more prominent. This article probes into the spatial character of urban housing market based on the case of Xiamen city.

On the basis of Sub-market theory the author establishes research hypothesis after analyzing the theoretical background of urban housing market. Then Principle Factor Analysis and Cluster Analysis are employed to detect the characteristic and composition of housing market in the empirical study. Hedonic price model was adopted to calculate the coefficient and test the significance of the submarket models. The spatial distribution of sub housing markets is analyzed thereafter.

The result shows that there are multi-facet consuming preferences in Xiamen's housing market. The whole city could be clustered into 4 sub markets which have disequilibrium spatial patterns and display a hierarchical sequence across the city scope with some areas polarized with certain sub market. The housing market is highly segmented *spatially.*

It is discovered that urban spatial expansion pattern and urban development strategies both contribute to the market segmentation. The shaping and implementation of housing policies should consider the diversified character of sub markets. The betterment of housing market structure should be the underlying purpose of housing policy. Facilitating the expansion and amalgamation of sub markets will improve the allocating efficiency of housing resource as well as improve the utility of some residence.

Keywords：*Sub market, hedonic price model, spatial segmentation, housing policy*

一、引言

我国的快速城市化和住房资产化形成了持续性的巨量城市住房需求。在此背景下，较为单一的市场化供给造成了价格快速上涨、供给结构失衡等问题（包宗华，2007）。住房的供给结构调整已成为政策调控的重要目标（金蓓，2006）。建立"多层次"的住房供应体系成为研究领域和政策面的重点论题（姜伟新，2008）。

在市场环境下，"多层次"住房供应体系的建立有赖于公共政策对市场结构的改进。对此，近年来众多大城市都因地制宜地制定了住房发展计划，并辅以税费激励等其他政策手段。然而，政策的前提是对城市现状住房市场具有充分的理解，特别是住房市场的空间特征。

城市住房市场的特征可从很多不同视角分析。如：运用供需函数模型对住房市场非均衡性的实证研究发现，上海住房市场的需求缺乏价格弹性，而供给对价格的影响相对较慢。土地的大量囤积则进一步加剧了住房市场的非均衡程度（伍虹、贺卫，2005）。用"单中心"城市模型，研究交通基础设施与城市空间结构对住房价格梯度空间差异的影响（于璐、郑思齐、刘洪玉，2008）。此外，Hedonic特征价格法也经常用来分析住房市场中的价格构成，探讨距离、公共设施及其他要素对住房价格的影响（李文斌、杨春志，2007；王德、黄万枢2007）。这些研究都在一定程度上揭示了住房市场的特征及其影响因素，但尚未对大城市市场结构本身进行深入分析。

国外学者对大城市住房市场研究早已从总量分析转向了"子市场"分析，即将整个城市的住房市场视为若干个具有关联的分割市场。为更准确分析大城市住房的市场结构特征，Maclennan(1982)、Quigley(1985)、Maclennan & Tu(1996)、Bourassa(1999)等人基于"子市场"理论，采用Hedonic价格回归等计量方法对格拉斯哥、悉尼、墨尔本等城市的住房市场结构进行了系统的研究。Colin Jones(2002)、Craig Watkins(2005)等人则从人口迁移的角度对子市场结构进行了研究。这些研究实践和方法对解析当前我国大城市的住房市场特征提供了良好的借鉴意义，但这些研究的重点大都在于对住房产品属性特征的考察，缺少空间维度的解释和分析。然而，我国城市大都处于快速的空间扩张过程中，在住房子市场的基础上进行空间分布特征的分析，可以更完整地把握住房市场的结构特征，并为公共政策提供卓见。

本文在城市住房市场结构的理论综述基础上，构建分析方法和技术路线；实证分析厦门市住房市场结构及其空间分割特征；探讨住房市场空间分割的形成机制；在总结的基础上提出研究的政策意涵。

二、住房市场空间分析的理论基础

城市交通约束与住房异质性都使住房市场具有天然的分散性(thinness of the market)。基于不同的市场条件假设和分析侧重，城市经济学对于城市住房市场的研究存在两个主要理论传统。一是以Alonso、Mills、Muth为代表的新古典空间市场模型（以下简称"AMM模型"），这一理论将通勤距离以交通成本的形式进行内部化，来表述住房消费与空间距离(space-distance)之间的权衡关系,并以此来分析住房选址、价格以及开发的空间特征。

在"AMM"住房模型中,地方住房市场被简单地假设为具有线性的结构,即以CBD为中心,住房价格是通勤距离的函数。每个居民将通过住房和其他综合物品的消费实现自身效用的最大化。模型通过在住房消费和区位建立"空间经济"联系,各种相关的住房属性内化为完全竞争关系。模型中的一个重要假设是:在城市中的任何地方都能以相同的价格,购买到除住房之外的其他由居住延伸出来的综合物品。

显然,对大城市来说,以上假设非常不现实。Wheaton(1977)通过旧金山市的经验研究发现,社区环境和公共产品供给对住房郊区化选址产生了决定作用。由此,逐渐形成了另一个理论传统,即强化对邻里环境等住房异质性因素的考虑,并发展为住房市场分割(segmentation)和住房子市场(submarket)的理论模型。Grigsby(1964)、Rothenberg(1991)、Watkins(2001)等人认为,住房产品具有典型的"服务异质性"与"消费可替代性"(以下简称"GRW模型"),市场中并不存在统一的住房价格函数(Goodman,1981),市场由若干相互联系的子市场构成。住户的住房偏好不仅由其自身社会经济属性决定,同时还受住房子市场条件影响。在这一模型中,空间距离只是区位特征(locational characteristic)的一个方面。

基于对城市住房供给的长、短期假设,在实证分析中,上述两种理论模型有着各自的侧重。"AMM"模型更侧重于解释住房市场的长期比较静态特征。而短期内,住房市场将处于非均衡状态,是由若干具有联系、并相互分割的子市场构成。因此,考虑到我国大城市的快速增长特征,可以采用"GRW模型"的子市场分析理论,来解析当下我国大城市住房市场的非均衡特征,并为公共政策提供参考。

三、研究方法与数据来源

1.研究方法

根据Grigsby的住房市场理论,典型的子市场边界可以定义为具有较高替代性的住房(选择集),同时这些住房与其他住房之间缺乏可替代性(Grigsby et al.,1987)。在研究和实践操作中,通常采用既定的或便于操作的地理边界来表示子市场的范围(如行政边界、自然边界等)。这种方法无法判定其是否为最适合的真实子市场。

根据新消费行为理论,因为消费者所购买的是产品和服务的不同属性组合,可以通过不同子市场中Hedonic价格函数得到反映(Bourassa、Hoesli、Peng,2003)。由此,本文的理论假设为:大城市的住房市场是由多个具有不同特征的空间子市场构成,具有相似Hedonic价格模型的住房属于同一住房子市场,并且具有明显的空间分割特征。

具体的实证研究采用"主成分分析"、"聚类分析"和"多重回归分析"三种统计方法来分析刻画住房子市场。主成分分析在于从原始调研数据中提取出的便于表述住房属性的几个综合变量,并获取住房市场的整体性特征[1];然后采用聚类分析对市场进行细分,将具有相似数值的样本归入同一组群[2];以Hedonic价格模型对各子市场样本进行多元回归,根据模型是否有效,以及考察子市场划分的合理性,计算各子市场的价格影响系数(Bourassa、Hamelink,1999)。

根据Palm的论点(1978),如果存在子市场,整体市场模型与子市场模型的系数将有所不同,而且子市场模型将具有更高的显著性。但是,仅采用统计分析并不能界定具体的市场范围(Goodman and Thibodeau,2003)。因此,在上述分析基础上,研究对子市场样本在各街道范围的百分比进行对比分析,获得各住房子市场的空间分布特征[3]。

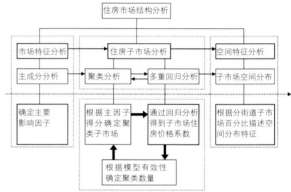

1.厦门市住房市场结构的研究技术路线

2.数据来源

研究数据来源于2006年开展的厦门市住房研究课题。根据前述理论综述和本文假定,确定住房价格的各种影响因子。总体由三个部分组成,即住房自身的结构特征与住房所在地区的区位特征及家庭经济特征(表1),调研采用配额抽样调查法,根据各区、各街道的人口规模设定问卷数量,并按此控制抽样质量。课题组共发放2400多份调查问卷,经过整理得到2250份有效问卷,范围涵盖了厦门市辖区的24个街道、105个居委(图2)。

本文将研究对象界定为住房所有市场(owner-occupied)。为了尽量排除租赁方式造成的判断偏差,样本选择集中于当时具有所有权的住房,包括原有自建住房、购买公房、购买经济适用房、直接购买商品房、政府安置住房、二手商品住房,此外租赁公房具有较为固定的使用权限,也被纳入研究范围。住房属性的价值由住户对住房当时的评价决定,并采用得分制表示,根据住户对相应住房属性的判断,采用1~7的分值表示属性评价。距离与家庭收入均则采用对数形式表示。

四、城市住房市场的结构特征

1. 住房市场总体特征

通过统计处理，得到1720个显著样本和6个主要影响因子，其累积解释水平达到80.4%。观察变量主成分分析的结果反映：住区综合环境在厦门市的住房消费中具有非常重要的作用；子女教育条件是住房消费中重要的考虑因素；房型与住房面积对住房效用具有正面作用，而空间距离与房龄则具有负面作用。

此外，分析发现距离与家庭收入和公交出行比重呈反相关。住房空间位置对各收入层次家庭有着不同的影响。中低收入家庭住房消费受空间距离的影响较为显著，而高收入住户则具有更多的交通方式选择，可以在一定程度上摆脱空间距离的限制。这表明住房选址决策是交通边际成本的收入弹性与住房消费规模收入弹性之间的权衡选择的结果(表1)。

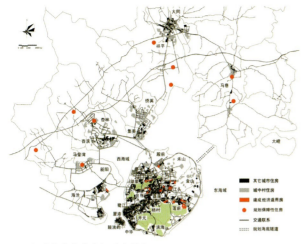

2.厦门城市住房的空间分布特征
注：根据"厦门市城市总体规划(2005)"现状用地图与2006年"厦门市住房实地调研"资料，以及"厦门市住房建设规划(2006)"相关资料整理绘制。

住房属性特征主因子的载荷矩阵　　表1

综合变量	观察变量	组成					
		1	2	3	4	5	6
社区环境与服务	公园绿地	.791*	.202	-.051	.124	.211	-.099
	公共活动场地	.831*	.139	.013	.129	.128	-.154
	机动车位	.786*	.107	.107	.093	.025	-.102
	医疗卫生	.790*	.118	-.054	.017	-.125	.057
	环卫设施	.857*	.181	-.033	.018	.039	.074
	商业网点	.710*	.168	-.123	-.175	-.088	.288
	物业管理	.795*	.156	.019	.093	.108	.094
	社会治安	.748*	.214	-.038	-.133	.044	.158
	为老服务	.756*	.180	-.161	.086	.041	.048
	家附近公共交通情况	.546*	.259	-.182	.102	-.157	.241
教育条件	幼托教学水平	.243	.762*	-.111	-.045	.133	.030
	小学教学水平	.221	.866*	-.030	-.038	.038	.001
	初中教学水平	.251	.871*	.027	.118	-.066	-.006
	高中教学水平	.219	.849*	.068	.101	-.065	-.048
住房大小	目前居住房的房型	-.154	-.077	.835*	-.034	-.051	-.173
	目前居住房的建面	.005	.045	.846*	-.154	.078	.119
住房支出	公交出行比重	-.077	.008	-.419	.696*	.180	-.303
	LNDISTAN	-.196	-.033	.306	-.729*	.091	-.220
	LNINCOME	.088	.110	.273	.616*	.033	.331
住房房龄	目前居住房的建成年代	.064	.069	-.154	-.049	-.839*	-.094
	街道居委服务	.337	.146	-.243	-.014	.565*	.065
私车比重	私车出行比重	.081	-.062	-.033	.175	.155	.819*
累积提取数(%)		39.434	50.558	61.948	70.464	75.638	80.304

注：表中因子回归系数大于0.5即为有效，"*"表示主因子负载了该变量的大部分信息，具有较强的解释力。

文章采用Hedonic价格法对前述观察变量进行回归分析，得出总体样本的市场价格模型。剔除多重共线性等影响之后，得出公园绿地、幼托教育、住房面积、公交出行比重、"Ln家庭收入"、"Ln距离"、住房建设年代、私车出行比重几个有效变量。厦门市住房市场的Hedonic价格模型可写为：

"LnPrice = β_0 + β_1Amenity + β_2Estate management + β_3Education + β_4Housing + β_5Lndistance + β_6Lnincome + β_7PublicTransport) + β_8HouseAge + β_9CarDr + e"

模型中"β_0"代表常数项，"$\beta_1 \sim \beta_9$"为各变量影响系数，"e"表示残差。价格函数中的变量系数分别代表整体城市的住房市场和各聚类子市场的住房消费特征。Hedonic价格模型的模拟结果与现实较为吻合，也基本符合经典模型的假设（表2，图3）。但总体层面的市场价格模型无法揭示住房市场的内部差异，仍需进一步考察各子市场的价格模型。

2. 住房市场的多元结构

研究在主成分分析的基础上，根据因子得分对样本进行Hierarchical Cluster聚类分析，采用Ward方法得出2~8个cluster的分组方式，并采用前述Hedonic"半对数住房价格模型"分别对城市总体住房市场和各子市场的样本进行多重回归分析。分析发现，根据回归模型的有效性确定4个分组能够较好适应样本数据的差异特征，各子市场及整体住房市场具有不同的住房价格函数和变量系数（表2）。而且样本在各聚类子市场中的分布并不均衡（其中第1聚类子市场占41%，第2聚类子市场占24%，第3聚类子市场占18%，第4聚类子市场占17%）。

进一步观察各子市场的价格模型可以发现，从聚类1~聚类4子市场，对住房价格具有显著影响的变量数目逐步减少，而其中反映住区环境的公园绿地，反映基础教育条件的幼托服务，以及反映交通成本的空间距离变量都始终具有显著性（图4），并且其显著程度逐步加大，对价格的影响也逐渐呈现主导作用（表2）。各子市场模型都通过了统计有效性检验，且各子市场模型的R2验证都大于整体

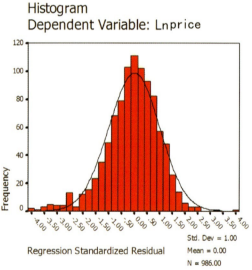

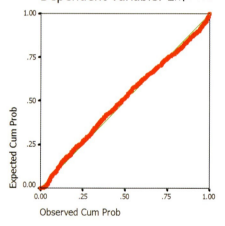

3. 总体住房市场价格回归模型的残差与观测概率分布

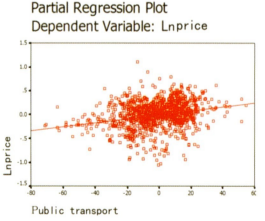

4. 交通成本对住房价格的线性影响分析

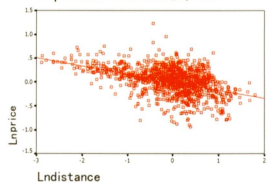

城市住房市场Hedonic价格模型系数　　　表2

影响变量	公园绿地	物业管理	幼托服务水平	住房建筑面积	公交出行比重	Ln家庭收入	Ln距离	住房建设年代	私车比重	常数项	Adjusted R Square
系数	β_1	β_2	β_3	β_4	β_5	β_6	β_7	β_8	β_9	β_0	
Whole market	0.16*	0.04*	0.07*	0.13*	0.20*	0.12*	−0.33*	−0.18*	0.22*	8.87	0.60
Sig.	0.00*	0.04	0.00*	0.00*	0.00*	0.00*	0.00*	0.00*	0.00*	0.00	
Cluster1	0.02*	0.19*	0.20*	0.15*	0.19*	0.07	−0.27*	−0.25*	−.11	8.82	0.65
Sig.	0.05*	0.03*	0.02*	0.07*	0.01*	0.37	0.00*	0.00*	0.18	0.00	
Cluster2	0.08	0.04	0.09	0.26*	0.19*	0.09	−0.15*	−0.41*	0.15*	8.42	0.68
Sig.	0.43	0.70	0.28	0.00*	0.01*	0.29	0.08*	0.00*	0.07*	0.00	
Cluster3	0.05*	0.25*	0.04	−0.04	0.07	0.13	−0.40*	−0.24*	0.00	9.63	0.67
Sig.	0.00*	0.08*	0.75	0.70	0.58	0.18	0.00*	0.02*	0.95	0.00	
Cluster4	0.53*	−0.23	0.27*	0.19	−0.16	0.07	−0.68*	0.05	0.14	12.62	0.61
Sig.	0.04*	0.33	0.08*	0.20	0.40	0.55	0.00*	0.74	0.38	0.00	

注：模型中"LnPrice"，即住房价格的对数值为应变量，其余变量为自变量；"*"表示该变量Sig.小于0.05，具有统计显著性

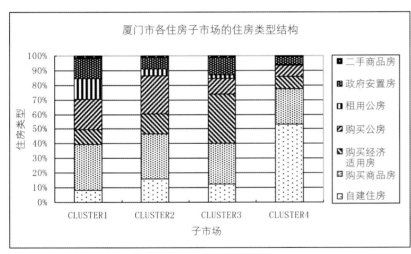

5.住房子市场内的住房占用模式构成

市场，基本能够反映住房价格的真实影响特征。

第一聚类子市场中除家庭经济条件（"Ln家庭收入"和私车出行比重）对住房价格没有显著影响之外，距离、住房房龄、公交出行比重、幼托服务、公园绿地等要素均对价格具有显著影响。这一子市场影响因素众多，可定义为"综合要素影响型子市场"。第二聚类子市场中反映日常生活服务的变量（公园绿地、物业管理、幼托服务和"Ln家庭收入"）对住房价格无显著影响，住房质量特征（房龄与套型面积）的影响最大，因此可将其定义为"住房属性主导型"子市场。第三聚类子市场中，家庭经济条件和住房面积等因素对住房价格无显著影响，而空间距离和房龄以及物业管理的影响较大，可定义为"区位与物业管理主导型"子市场。第四聚类市场中，空间距离和公园绿地、幼托服务等住区条件对价格起到了决定作用，可定义为"区位与住区条件主导型"子市场（影响系数详见表2）。

分析结果验证了前文的假设，但是模型有效性（R2值）并不是很高，其原因是Hedonic价格模型的前提假设是理想的市场条件[4]，而考察对象包括了公房、经济适用房、拆迁安置房等多种住房占用形式（tenure composition）。这些住房具有不同的产权属性和市场特征（图5），在一定程度上对价格模型产生了干扰。

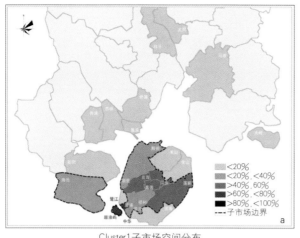
Cluster1子市场空间分布 a

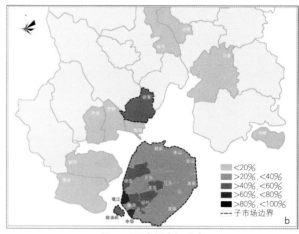
Cluster2子市场空间分布 b

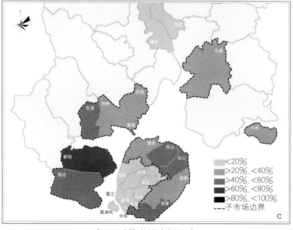
Cluster3子市场空间分布 c

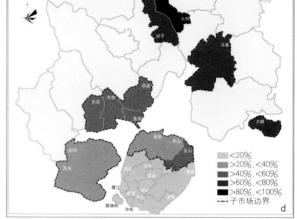
Cluster4子市场空间分布 d

6.城市住房子市场的空间分布结构
注：图中子市场范围具体是该子市场样本所占各街道样本总量的比重大于20%的区域

五、城市住房子市场的空间分析

1.住房子市场的空间分布密度

研究采用分街道范围内各子市场样本的百分比来分析住房子市场的空间密度特征。经过研究发现住房子市场与城市空间区位之间存在交错的矩阵关系。同一住房子市场分布于多个空间区位，而一定空间范围内的住房产品也具有多个子市场的特征，而并非仅限于岛内、岛外的一般性特征（图2）。

具体而言，在老城区（鼓浪屿、厦港、中华、梧村、开元街道）和老城外围区域（筼筜、江头、嘉莲和莲前、殿前、湖里街道），"综合要素影响型"子市场比重较大。局部区域（鼓浪屿、厦港、筼筜、江头、嘉莲和莲前街道）这一子市场的比重最高大于40%。这些空间区位内的住房都具有较大程度的可替代性，但可替代区域主要集中于厦门本岛开发较为完善的地区，与岛外海沧街道间仅具有微弱的替代弹性（图6a）。

在殿前、江头、莲前街道等区域，住房价格受绿地、幼托服务、物业管理等因子的影响比较显著。其原因是这些街道存在较多早期的自建住房或政府安置房（图5）。对于这些区域而言，住区环境的改善、物业管理服务水平提高以及教育设施的配套都将对住房价格产生积极作用。

"住房属性主导型"子市场主要分布于厦门岛和岛外近郊的局部地区（侨英街道）。其中老城区（鼓浪屿、鹭江、中华、开元、梧村街道）和其他若干区域（嘉莲、湖里和侨英街道）这一子市场的比重大于40%。替代性较强的区域分布于筼筜湖周边的城市中心地区和岛外的"侨英街道（图6b）。在这些区域，对住房价格影响最大的因素是房龄和住房建筑面积。与其他地区相比，这一区域交通出行距离对价格的影响较小，住房质量提高和套型面积的增加将提高居民的住房效用水平。

"区位及物业管理主导型"子市场主要分布于厦门城市中心区的外围（禾山、金山、滨海街道）和岛外城区。其中，在岛外近郊区（新阳、海沧、杏滨街道）的比重较大，大都大于40%，其中新阳街道比重最大，大于60%。对于这一子市场而言，岛内外围城区和岛外的近郊区之间具有较强的可替代性（图6c）。

"区位及住区条件主导型"子市场主要分布于厦门岛外的市郊城区。其中远郊地区（大同、祥平、马巷、大嶝街道）比重较大，都大于60%。而在近郊地区的杏滨、杏林、集美、侨英街道，此类子市场的比重也大于40%。禾山街道是岛内惟一具有较强替代弹性的区域(图6d)。

在岛内外的新开发地区,上述两类子市场类型具有主导地位,空间距离对住房价格具有决定性的作用。但是住房子市场在近、远郊依然存在差异。在岛内边缘城区和岛外近郊城区,住房房龄和住区管理也对价格具有显著影响。而在远郊城区,对住房价格的影响因素主要是交通成本、住区绿化环境、基础教育条件。在这些新发展城区,交通条件、住区环境等基础条件的改善非常重要,将大大提高其住房效用水平。而旨在增加住房面积、提供高档次公共服务设施的措施,对提高居民的住房效用未必有实质性作用。

2. 城市住房市场的空间分割

总括而言,厦门市的住房市场具有空间异质性特征,并具有非均衡的空间分布结构。住房市场大致由筼筜湖附近的城市中心区向外呈交错的层次化分布特征,子市场种类表现为先增多再减少的过程。老城区与外围郊区都具有较为单一的住房市场特征,而本岛其他区域的住房市场特征则较为多元。对于居民和住房消费者而言,各区位之间的住房替代弹性并非是均衡不变的。对于每一个住房子市场,都具备特定的替代性区域。实证分析结果表明,城市住房子市场没有非常确切的空间边界,但其分布却具有较为明确的空间指向性,并且与城市空间结构有着紧密的联系。少数子市场在局部区位的极化分布使住房市场表现出一定程度的"空间分割"。

厦门的实证研究表明,城市住房市场有着丰富的内在结构和非均衡的空间分布特征。对于不同子市场内的住户而言,同一项政策有着不同的效用[5]。城市中心与外围(包括厦门的岛内与岛外)局部城区内某一子市场的比重过大,使其无法为其他区位的其他子市场住房需求提供替代性选择。与此同时,大量具有同一住房消费偏好的住户集聚于岛内中心区等特定区位,形成"刚性"需求。

在上述情况下,供需关系的变化极易形成市场波动。虽然从长期来看,这一影响将通过住房的异质替代属性传递至整个市场,最终趋向于"均衡"状态。但是短期内住房子市场在空间中的极化分布将导致一定程度的"空间市场分割"——即在特定的时间段内,特定区位的住房供给与需求不平衡,传递给其他区位受阻,转而又形成反向的不平衡。如厦门市岛内价高且供不应求,而岛外价也相对高却供大于求。

六、住房市场空间分割的形成机制

1. "均衡、蔓延"的拓展模式导致空间分割

住房市场空间分割的缓减依赖于区位间的替代性。在城市空间拓展过程中,这一目标的实现依赖于足够高效及价格低廉的交通手段(时间和费用),同时,新区位的生活设施必须完善。这需要"精明"的空间拓展决策与合理的开发模式。

我国的大城市均面临着快速的经济增长和空间拓展压力,"多中心"和"有机疏解"是较为共同的对策。厦门市也曾确立"一心多核"的发展目标,在岛外形成若干个居住中心,从而为住房发展提供一个较为弹性的空间结构。但现实的城市发展并未充分体现上述空间目标。在岛外城区人口逐步增长的同时,本岛的人口密度也经历了快速上升(图7)。岛外未能形成一批新的配套完善及具综合功能的居住与就业中心,而本岛的居住吸引力却是进一步增强,高强度的增量开发快速铺开。总体而言,厦门虽然在空间形态上已初步形成了"多中心"的格局,但从住房市场格局来看仍处于"单中心"的结构状态(图8)。由于本岛的进一步"极化",以及岛内外的交通瓶颈未能较快解除,其结果是降低了岛内外城区间住房供给的替代性,

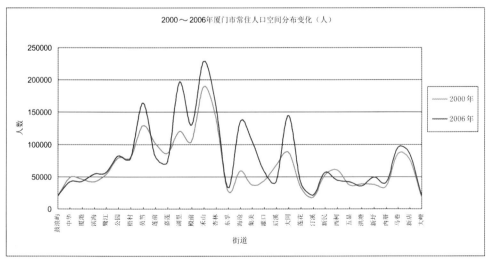

7. 2000年至2006年厦门市常住人口空间分布变化
(资料来源:根据2000年厦门市第五次人口普查资料、2006年市厦门市公安局人口管理资料整理)

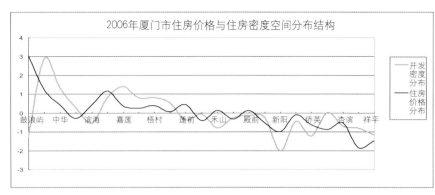
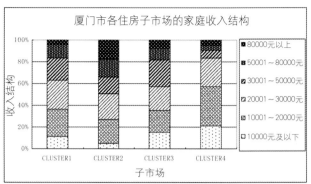

8. 2006年厦门市住房价格与开发密度的"单中心"分布结构
（资料来源：根据2006年同济大学、上海大学"厦门住房调研"联合课题组实地调研数据标准化处理）

9. 住房子市场内的家庭收入构成

平添了住房消费的空间替代成本，从而在一定程度上固化了住房市场的空间分割格局(图6)。

2. "失调、脱节"的城市开发强化空间分割

大城市住房市场空间分割结构难以改善的另一个主要原因是总体空间发展目标与微观城市开发的脱节。相对于住房开发选址决策的分散性，交通基础设施与公共服务设施建设等主要由城市政府"代理"决策。其目标是为城市住房市场长期有序发展提供空间基础，并致力于提高市场分配效率。以此为逻辑起点，"多中心"结构的市场意义就在于：在满足城市空间增量扩展的同时引导建立有序、高效的空间市场格局，降低由空间分割带来的效率损耗；同时，在特定的空间范围内为人们提供更多替代性的住房选择。其理论假设是"长期内"住房市场分割结构具有弹性特征，可以随着空间结构的调整朝着更有效率的方向演进。

而"短期内"既定空间结构下的住房市场分割具有刚性特征。在需求增长的预期下[6]，开发商在预算约束和风险控制下更倾向于在现有的空间分割的市场结构下确定开发选址、开发规模和开发时序[7]，并形成市场势力，获得垄断收益[8]。开发商通过选址于增量土地稀缺的成熟居住空间，使住房发展在原有市场分割结构的基础上形成重复性的扩展，形成市场分割格局的空间锁定[9]。

七、结论：住房市场空间分析的政策意涵

西方国家对城市住房市场结构的研究有着较为成熟的理论基础和研究方法，这为我国的住房研究提供了方法基础。本文基于子市场理论，采用统计方法对厦门市的城市住房市场进行了初步探析。研究发现是否形成"空间分割"取决于两个因素：其一是住房市场中的供需弹性，即在特定的时间段内，特定区位的住房供给与需求是否能达到平衡；其二是各子市场是否能够在区位之间形成较为均匀的分布格局。因此对于相关的公共政策制定而言，对住房市场结构进行空间研究具有三方面的意涵：

其一，因为处于同一收入层次的住户有可能属于不同的子市场(图9)，因此住房政策除考虑居民收入水平等一般特征之外，还应当根据子市场特征采取针对性的措施，尊重不同群体的住房消费偏好。

其二，通过各类保障性住房的直接性供给，弥补低收入住房市场供给的"盲区"。同时强化土地供应管理调控商品住房的供给，使政策性住房供给和商品化市场供给在特定空间范围内形成较为多样的子市场格局，共同形成"多层次"的住房供给结构。

其三，城市交通设施、公共服务设施等公共产品的供给，间接引导各子市场在城市各空间区位之间均衡化分布，增强各区位间住房的可替代性。合理安排城市轨道和新城开发项目，扩大房地产商之间的竞争范围，提高城区和郊区住房资源的综合利用效率。

我国的大城市处于快速扩张的进程中，城市住房市场将长期经历剧烈的动态变化，并不可避免地表现出一定程度的空间分割[10]。充分认识住房市场的结构与特征，将有助于提高城市住房政策的效率。政府在直接供给保障性住房的同时，还必须促成市场结构的调整。本文的分析以住房属性的价格特征为考察重点。然而，住房市场结构还受就业分布、家庭周期特征、金融条件等其他因素的影响。这些都需要在进一步的研究中加以关注。

注释

1. 主成分分析得出的第一主因子是那些可以解释绝大部分变化特征的原始变量的线性综合。第二主因子则解释了余下原始变量的变化。顺次类推，直至所提取的主因子的累积解释能力达到分析要求为止。

2. 研究采用的Ward's法与其他聚类方法不同之处是，通过样本间的差别来判别相似性。在每一步计算中，将可以生成的任意两个组群数据的平方和最小化，以此来生成同质性的组合。

3. 由于研究对各街道采用了等比例抽样问卷，而各街道人口基数不同，因此样本绝对数量并不能真实反映子市场的样本构成（住户规模大的街道的样本量更大）。而采用街道内各子市场样本的比重这一相对量，可以正确的表示子市场的空间分布密度。

4. 在理想的市场环境中，在Hedonic价格下住房及其属性所提供的"住房服务"商品将实现市场出清。这意味着，居民和住户可以根据效用最大化原则，完全自由地进行住房选址，城市各空间区位内提供的住房必须与居民的消费需求完全对应。其二，住房的买卖双方具有对称的信息，完全了解住房价格、住房属性以及其他市场条件的信息，而且居民的住房交易和搬迁费用非常低。因此，理想的市场条件是指：竞争性的均衡市场环境和足够低的住房交易成本。

5. 例如，单纯限制住房面积标准的政策（如"国六条"所规定的90m²的标准）将增加小户型住房的供给，这无疑与第1、2聚类子市场的价格函数特征不相符。假如在上述子市场内推行这一政策，对于住房面积要求大于90m²的住户而言，将形成无效的住房供给。

6. 我国住房制度改革以来的快速经济增长和城市化过程产生了长期、持续的住房需求，这提供了非常可观的市场预期；而流动性过剩则推高了投资性住房需求，更突出了城市住房的结构性矛盾。

7. 从这个角度看，屡禁不止的开发商"捂盘"、"惜售"等现象，其根本原因是在市场空间分割下"天然"的区位垄断。因为相对于需求而言，热点区位内住房供给处于绝对短缺状态。这种情况下，任何一个开发商只要能拿到土地，都将表现出一定的"垄断"特征。

8. 据同济大学课题组的调查，2005年厦门本岛的鹭江、开元、莲前等街道住房交易的平均套型面积都高于130m²，其中滨海街道的平均住房交易面积更高达195m²。

9. 在土地价格不断升高的情况下，各地仍频频出现天价"地王"楼盘。这固然有资本投资等非理性原因的驱动，但也在一定程度上反映了住房市场在空间分割下，开发商对于垄断地租的不懈追求。

10. 从本质上看，在市场增量扩张过程中，住房市场的空间分割将为开发商提供垄断性操作的可能。在利益最大化导向下，品质"高端化"或区位"分割化"的住房供给都将直接导致住房资源的极化分配，并降低城市整体空间资源的利用。而这一过程又处于"集中蔓延式"的空间扩张过程中。在此前提下，市场结构演化的结果必然是房价与地价相互之间的周期性推涨。因此，可以认为住房市场规模的扩张存在一定的空间路径依赖特征。单一市场化的住房供给模式与住房市场的空间分割之间具有相互强化的"马太效应"。

参考文献

[1] 姜伟新. 建立和完善中国住房政策体系的思考[J]. 城市开发, 2008(03): 01~02

[2] 包宗华. 房地产形式与住房制度完善[J]. 中国房地产, 2007(01)

[3] 伍虹, 贺卫. 对上海市住房市场的实证非均衡分析[J]. 华东经济管理, 2005, 15(11)

[4] 于璐, 郑思齐, 刘洪玉. 住房价格梯度的空间互异性及影响因素—对北京城市空间结构的实证研究[J]. 经济地理, 2008, 28(3)

[5] 李文斌, 杨春志. 住房价格指数以及区位对住房价格的影响—北京市住房价格实证分析[J]. 城市问题, 2007, 145(8)

[6] 王德, 黄万枢. 外部环境对住宅价格影响的Hedonic法研究—以上海为例[J]. 城市规划, 2007, 31(9)

[7] 张文忠, 刘旺. 北京城市内部居住空间分布与居民居住区位偏好[J]. 地理研究, 2003, 22

[8] 郑思齐, 符育明. 城市居民对居住区位的偏好及其区位选择的实证研究[J]. 经济地理, 2005, 25

[9] Lancaster, K. A new approach to consumer theory[J]. Journal of Political Economy, 1966, 74: 132~157

[10] Grigsby, William G., Housing markets and public policy[M]. Philadelphia: University of Pennsylvania Press, 1963

[11] W. Alonso, Location and Land Use[M]. Cambridge: Harvard Press, Mass, 1964

[12] R. F. Muth, Cities and Housing[M]. Chicago: Univ. of Chicago Press, 1969

[13] Rosen S. Hedonic prices and implicit markets: product differentiation in pure competition[J]. The Journal of Political Economy, 1974, 82(1): 34~35

[14] William C. Wheaton. Income and Urban Residence: An Analysis of Consumer Demand for Location[J]. The American Economic Review, 1977, 67(4): 620~631

[15] Palm, R. Spatial Segmentation of the Urban Housing Market[J]. Econ Geography, 1978, 54: 210~221

[16] Mills, E.S., Urban economics[M]. Glenview, Ill.: Scott, Foresman and Company, 1980

[17] Goodman, A. C. Housing Submarkets within Urban Areas: Definitions and Evidence[J]. Journal of Regional Science, 1981, 21(2): 175~185

[18] Can A., The measurement of neighborhood dynamics in urban house prices[J]. Economic Geography, 1990, 66: 254~272

[19] Maclennan, D. and TU, Y. The micro economics of local housing market structure[J]. Housing Studies, 1996, 11: 387~406

[20] George Galster, William Grigsby and the Analysis of Housing Sub-markets and Filtering[J]. Urban Studies, 1996, 33(10): 1797~1805

[21] Colin Jones, The Definition of Housing Market Areas and Strategic Planning[J]. Urban Studies, 2002, 39(3): 549~564

[22] Steven C. Bourassa, Martin Hoesli, and Vincent S. Peng, Do housing submarkets really matter?[J]. Journal of Housing Economics, 2003, 12: 12~28

[23] Steven C. Bourassa, Fort Hamelink, Martin Hoesli, Defining Housing Submarkets[J]. Journal of Housing Economics, 1999(8): 160~183

[24] Allen C. Goodman and Thomas G. Thibodeau, Housing market segmentation and hedonic prediction accuracy[J]. Journal of Housing Economics, 2003, 12: 181~201

[25] David Adams, Craig Watkins, Michael White, Planning, Public Policy & Property Markets[M]. Blackwell Publishing, RICS Research, 2005

[26] JIN Bei. Macroeconomic Regulation Not the Answer to Rocketing Housing Prices[J]. China Economist, 2007

[27] E.S Mills, Studies in the Structure of the Urban Economy[M]. Princeton: Princeton University Press, NJ, 1972

作者单位：同济大学建筑与城市规划学院

地理建筑

The Architecture of the Geography

本期地理关键词：文化线路

中国西部有两条重要的民族经济文化交流的走廊：一条是丝绸之路，也称为"绿洲丝绸之路"，即途径宁夏、甘肃一带的黄河上游地区；另一条是茶马古道，也称为"西南丝绸之路"，即途径滇川藏的六江流域地区，包括怒江、澜沧江、金沙江、大渡江、雅砻江、安宁河等江河。

举世闻名的丝绸之路从古长安出发，经过河西走廊，到达新疆后分为北路、中路、南路西行，路经了敦煌、乌鲁木齐、吐鲁番、阿克苏、伊宁等重要城市[1]。这条丝绸之路不但促进了东西方的经济交流，把中国的丝绸、火药、造纸术等传到了西方，还把古老的黄河流域文化、恒河文化同古希腊文化、波斯文化联结了起来[2]。

茶马古道是以马帮为主要运输工具的民间国际商贸通道，是中国西部民族经济文化交流的走廊。其源于古代西南边疆的茶马互市，兴于唐宋，盛于明清，二战中后期达到辉煌。茶马古道大体分为川藏、滇藏两路，不仅在国内连接了川滇藏，甚至还延伸入不丹、锡金、尼泊尔、印度等国境内，止于西亚、北非红海海岸。滇藏茶马古道主要有两条线路：一条从今西双版纳、思茅等地出发，经大理、丽江、中甸、德钦至西藏的邦达、察隅或昌都、洛隆、林芝、拉萨，再经由江孜、亚东分别到不丹、尼泊尔、印度；另一条从四川雅安出发，经泸定、康定、巴塘、昌都到拉萨，再到尼泊尔和印度[3]。

中国西部的这两条经济文化走廊给沿途的村镇带来了繁荣的经济和交融的文化，这种多元性也体现在了当地村镇的建筑特征上。本期"地理建筑"专栏即选取了丝绸之路上的新疆吐鲁番麻扎村和茶马古道上的云南贡山丙中洛五里村为例，进行阐释。

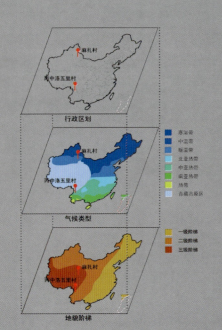

注释
1. 苏北海. 丝绸之路与龟兹历史文化[M]. 新疆：新疆人民出版社，1996：1
2. 新疆土木建筑学会编著. 严大椿主编. 新疆民居[M]. 北京：中国建筑工业出版社，1995：7
3. 毛刚. 生态视野 西南高海拔山区聚落与建筑[M]. 南京：东南大学出版社，2003：29

参考文献
[1] 毛刚. 生态视野 西南高海拔山区聚落与建筑[M]. 南京：东南大学出版社，2003
[2] 苏北海. 丝绸之路与龟兹历史文化[M]. 乌鲁木齐：新疆人民出版社，1996
[3] 新疆土木建筑学会编著. 严大椿主编. 新疆民居[M]. 北京：中国建筑工业出版社，1995

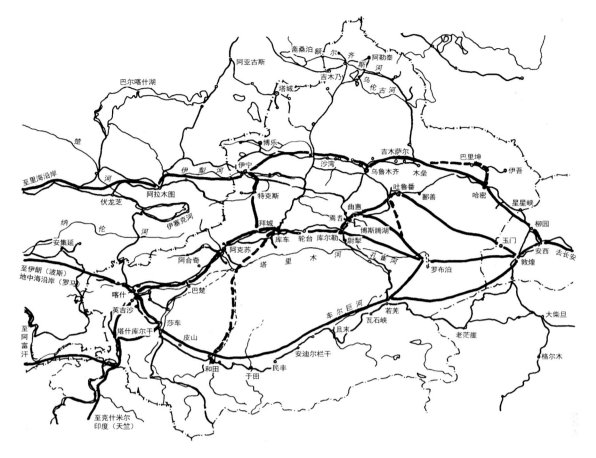

1. 古代"丝绸之路"示意图。丝绸之路东起长安，向西通达里海沿岸、地中海沿岸和南亚广大地区。西汉时，丝绸之路在我国境内分为南、北两条线路。到隋唐又开辟了沿天山北麓，经伊吾、蒲类海、车师后王庭，西渡伊犁河、楚河，过碎叶抵君士坦丁堡的新北道。后来将新疆境内的三条通道，称为南道、中道、北道。吐鲁番就是中道的重要一站。（资料来源：新疆土木建筑学会编著，严大椿主编．新疆民居．1995：8）

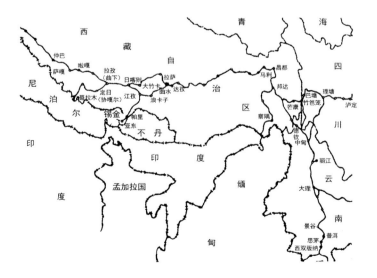

2. "茶马古道"路线示意图。茶马古道大体分为川藏、滇藏两路，不仅在国内连接了川滇藏，甚至还延伸入不丹、锡金、尼泊尔、印度境内，止于西亚、北非红海海岸。滇藏线一条从今西双版纳、思茅等地出发，经大理、丽江、中甸、德钦而至西藏的邦达、察隅或昌都、洛隆、林芝、拉萨，再经由江孜、亚东到不丹、尼泊尔、印度；另一条从四川雅安出发，经泸定、康定、巴塘、昌都到拉萨，再到尼泊尔和印度。（资料来源：毛刚．生态视野 西南高海拔山区聚落与建筑．2003：29）

文化碰撞处的维吾尔族土庄——麻扎村
Mazha Village - A Uighur Village Where Cultures Meet

汪 芳 朱以才 *Wang Fang and Zhu Yicai*

地 点：新疆吐鲁番

地貌特征 麻扎村位于吐鲁番盆地之中，火焰山南，为天山水系通过火焰山口带到盆地来的洪积物质形成的冲积平原绿洲地区[1]。吐鲁番盆地北部为天山山脉，东南为南湖戈壁与库木塔格沙漠，西南则有觉洛塔格山，这使得吐鲁番地区的城镇选址只能位于东西向狭长的吐鲁番盆地之中，而吐鲁番盆地也成为重要的东西交流通道。麻扎村正是这条文化线路上的重要一站。

气候特征：吐鲁番地区属典型的大陆性荒漠气候，由于盆地四周高山环绕，水汽难以进入，气候极端干燥。夏季高温酷热，日照强而蒸发量大；冬季寒冷，气温年较差大。在这种极端的气候环境之中，麻扎村以生土作为材料的土拱房充分利用了生土保温隔热性能，使室内能够达到冬暖夏凉的效果。

文化特征：位于火焰山中段吐峪沟大峡谷南沟谷的麻扎村有着1700多年的历史，是迄今新疆最古老的维吾尔村落。这个村庄不仅完整保留了古老的维吾尔族传统和民俗，也保留了许多佛教文化和伊斯兰文化的印记。村子不远处的吐峪沟麻扎埋葬着伊斯兰教圣人。吐峪沟千佛洞则是高昌石窟中最早开凿的石窟寺，早于敦煌莫高窟。石窟中至今还残存有以佛教为题材的壁画[2]。

麻扎村的全称是"麻扎阿勒迪村(Mazar Aldi)"。其中，"麻扎"在维吾尔语中意为"受人尊敬的贤人的坟墓"，而麻扎村的意思就是"圣墓前的村庄"，这是由于村庄紧邻被称为"伊斯兰教七大圣地"的"小麦加"艾苏哈卜·凯赫夫麻扎，俗称"七圣人墓"[3]。据说七圣人墓里面埋葬的是当年将伊斯兰教传入中国的五名圣人、第一个皈依伊斯兰教的牧羊人和他的一条忠实的狗，而麻扎村的居民则是圣地守墓人的后代，所以麻扎村可以说是伊斯兰教在中国的发源地和圣地。

麻扎村沿河谷依山势而建，苏贝希河穿村而过，将整个村落分为东、西两部分。整个村落以清真寺为中心，周围布置着5个居住组团。清真寺院内高大的礼拜堂、高耸的穹顶邦克楼使整个村落具有一种强烈的向心力，也使清真寺成为视觉和心理的中心点。七圣人墓位于村落西北处高地，高出村中心50余米，俯瞰全村，以突出其神圣的地位，并与清真寺、村西北边缘的宗教会馆共同构成了统摄全村的宗教文化轴线。

当地维吾尔民居的庭院布局通常为内向封闭或半封闭形式，民居建筑部分为"一"字型、"L"型、对称型或三合院的形式，以适应当地高温干燥的气候[4]。而由于吐鲁番盆地天热少雨，缺少石、木材料而黏土层厚，麻扎村的居民一直以来就地取材，巧用黄黏土筑屋（有的以树木作梁）。这种生土建筑不仅造型美观，而且冬暖夏凉，很适应干热的吐鲁番气候。其建筑类型包括土拱平房、土拱楼房、平顶平房、平顶楼房等。

由于麻扎村所处的极端干燥的气候环境，当地建筑不存在排水问题，故民居多为两层平顶。平屋顶既可用于晾晒食品，又可作为夏天夜宿和日常活动的场所。民居的一层作厨房和客厅，二层作卧室，有的还建有晾房，每户有一个比较宽敞的庭院。有些家庭的生活起居、用餐、待客、娱乐活动等都在院落中完成，也是考虑到庭院能提供相对于户外较为舒适的半室外环境，使各种活动免受高温风沙的干扰。村内民居的土墙厚实，墙厚一般为0.7~1m，利于防寒保暖。房屋的门较小，仅容一人出入；开窗少而小，有的民居还采用顶部采光，有利于防风沙和防暑防寒。

高棚架和棚盖也是当地建筑特有的构造，用于室外遮阳。即使不设这些构架时，通常也会在院内植树，或架葡萄架。棚盖通常架在房屋之间的院子上空，高出屋面檐部1m左右；有的是遮盖整个院子，也有的是遮盖部分院落[5]。由于当地气温高，刮热风，采用棚盖是遮阳降温的有效手段[6]。高棚架以排列柱单独设立在主体房屋的前檐部位，四面临空，既遮阳又通风。

由于麻扎村所处的特殊区位，文化交融给村落、建筑乃至家具都留下了烙印。例如，村民家中的木床极似中原汉族地区的雕花木床。不过汉族文化中的人物花鸟图案在这里有了变化，更换为哈密瓜的图案。

地理解读：丝绸之路上的麻扎村受到东西方文化交融的影响。它的建筑风格体现出伊斯兰文化与佛教文化的交互影响。宏伟的清真寺和七圣人墓给整个村落都蒙上了一层神秘的伊斯兰文化色彩；而保存着以佛教为题材的壁画的吐峪沟千佛洞则体现出佛教文化的烙印。同时，黄土夯成的民居朴实自然，与环境浑然天成，极强地适应了吐鲁番盆地独特的地理条件。

* 研究成员：郁秀峰、殷 帆、郑 雷、裴 钰
* 本研究课题为北京大学研究生课程建设项目（编号：2009-11）

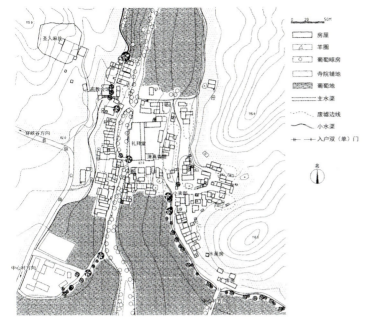

1.麻扎村村落总平面图。麻扎村依山傍河而建,以清真寺为中心,周围环绕着5个居住组团,是典型的维吾尔村落。清真寺、宗教会馆与七圣人墓构成了村内的宗教景观轴线。(资料来源:杨晓峰,周若祁.建筑学报,2007(4):37)

注释

1.吐鲁番地区地方志编委会.吐鲁番地区志[M].乌鲁木齐:新疆人民出版社,2004:86

2.吐鲁番地区地方志编委会.吐鲁番地区志[M].乌鲁木齐:新疆人民出版社,2004:578

3.杨晓峰,周若祁.吐鲁番吐峪沟麻扎村传统民居及村落环境[J].建筑学报,2007(4):36

4.茹克娅 吐尔地,潘永刚.特定地域文化及气候区的民居形态探索——新疆维吾尔传统民居特点[J].华中建筑,2008,26(4):101

5.杨晓峰,周若祁.吐鲁番吐峪沟麻扎村传统民居及村落环境[J].建筑学报,2007(4):39

6.新疆土木建筑学会编著.严大椿主编.新疆民居[M].北京:中国建筑工业出版社,1995:139

参考文献

[1]李欣华,杨兆萍,刘旭玲.历史文化名村的旅游保护与开发模式研究——以吐鲁番吐峪沟麻扎村为例[J].干旱区地理,2006,29(2):301~306

[2]陆元鼎主编,杨谷生副主编.中国民居建筑(下卷)[M].广州:华南理工大学出版社,2003

[3]马平,赖存理.中国穆斯林民居文化[M].银川:宁夏人民出版社,1995

[4]茹克娅 吐尔地,潘永刚.特定地域文化及气候区的民居形态探索——新疆维吾尔传统民居特点[J].华中建筑,2008,26(4):99~101

[5]吐鲁番地区地方志编委会.吐鲁番地区志[M].乌鲁木齐:新疆人民出版社,2004

[6]王欣,范婧婧.鄯善吐峪沟麻扎村的民俗文化[J].西域研究,2005(3):112~116

[7]新疆土木建筑学会编著.严大椿主编.新疆民居[M].北京:中国建筑工业出版社,1995

[8]杨晓峰,周若祁.吐鲁番吐峪沟麻扎村传统民居及村落环境[J].建筑学报,2007(4):36~40

作者单位:北京大学城市与环境学院

2.麻扎村位于火焰山中段吐峪沟大峡谷南沟谷中,沿河谷依山势而建,苏贝希河穿村而过,将整个村落分为东、西两部分。(摄影:黄彬)

3.吐峪沟麻扎村航拍图。麻扎村以清真寺为核心布置,村里民居多用黄黏土筑屋。(摄影:黄彬)

4.麻扎村远眺,可见清真寺高大的礼拜堂和高耸的穹顶塔楼。村内建筑包括有土拱平房、土拱楼房、平顶平房、平顶楼房等。(摄影:黄斌)

5.麻扎村内道路。道路旁的院墙由土坯砖垒起而成。土坯砖是将黏土浆放进木制的模子中制成长方形的模块,然后晒干。(摄影:黄斌)

6.麻扎村旁的七圣人墓,即"伊斯兰教七大圣地"之一的"小麦加"艾苏哈卜凯赫夫麻扎,位于麻扎村西北处高地,高出村落中心50余米,可俯瞰全村。(摄影:黄斌)

7.远望七圣人墓背倚群山。据说七圣人墓里面埋葬的是当年将伊斯兰教传入中国的五名圣人、第一个皈依伊斯兰教的牧羊人和他的一条忠实的狗。(摄影:黄彬)

8.麻扎村内建筑组群。在麻扎村内，围绕清真寺布置着5个居住组团，各组团因临水、依山等地形的不同，呈现出不同的格局。村内建筑大多为平顶，用黄黏土而建，与环境浑然一体。（摄影：黄彬）

9.清真寺位于麻扎村的中心，占地4.5亩，是村内最好的地段。清真寺高大的礼拜堂、高耸的穹顶邦克楼使整个村落具有一种强烈的向心力，远处可见七圣人墓。（摄影：黄彬）

10.麻扎村内清真寺前广场。清真寺的主体是礼拜堂，前方广场宽阔，便于教民集散，并成为了和世俗生活区分的界线。（摄影：黄斌）

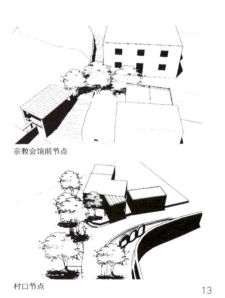

宗教会馆前节点

村口节点

13

11.麻扎村民居的主要材料为黄黏土，民居多为两层平顶建筑。当地建筑开窗少而小，利于防风，且一层窗户为普通合扇窗，用纸、塑料布或玻璃遮挡，二层为木质网格窗有利于通风。（摄影：黄彬）

12.高棚架和棚盖是当地民居特有的适应当地气候的建筑语言，用于户外遮阳。建筑的二层屋顶可用于晾晒食物、夜宿，并作为室外活动空间。（摄影：黄彬）

13.麻扎村宗教会馆前的节点、村口节点透视图。这些节点处都有高大植物为人们提供阴凉，使人产生停留的可能。{资料来源：杨晓峰，周若祁.建筑学报，2007(4)：38}

14.麻扎村民居的典型形制。A宅为山坡的土拱楼，外设高棚架，一层为三联拱房，二楼为土木密肋平顶房；B宅为联院的平房，由多重院子的平房组合而成，外设棚架为半公共空间；C宅为密肋木平顶平房的组合，这种形式以院子为家庭生活的中心，在吐鲁番地区最为常见；D宅为土拱楼组合，二层平顶房直接建在一层土拱上，两对土拱楼相对而建，围合成院；E宅为土拱平房组合，该建筑是两组土拱平房的横排和纵排组合，体现了土拱结构的灵活性。{资料来源：杨晓峰，周若祁.建筑学报，2007(4)：38~39}

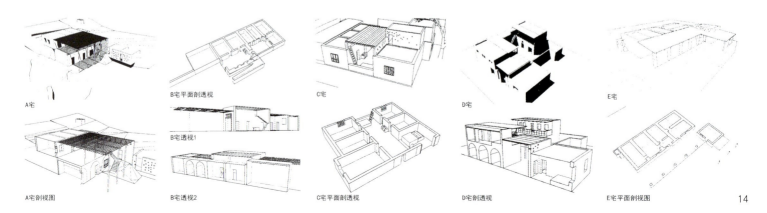

14

古道驿站——丙中洛五里村

A Stage on An Ancient Route - Wu Li Village in Bing Zhong

汪 芳 朱以才 Wang Fang and Zhu Yicai

地 点：云南贡山

地貌特征：由于受到青藏、滇缅、印度巨型"歹"字形构造体系影响，丙中洛所在的云南贡山独龙族怒族自治县地质构造较为复杂，形成了规模巨大的南北走向褶皱山系和巨大断裂，即横断山脉，具有高山大峡谷的地貌景观[1]。在这种地貌条件下，因河流侵蚀堆积作用形成的冲积扇、河漫滩等相对平坦，居民多选择居住在此，茶马古道也只能沿着河谷蜿蜒前行，丙中洛正是怒江边茶马古道上的一站。

气候特征：丙中洛所在地区属亚热带山地季风气候，降雨充沛。而由于怒江峡谷与山地之间相对高差达到3000m以上，气候在垂直方向上变化明显，局地小气候十分明显。相对而言，丙中洛五里村所在的怒江河谷地带较为炎热。

植被特征：丙中洛气候温暖，降水充沛，原生性植被为亚热带常绿阔叶林，林木茂密物种丰富，为五里村的井干式建筑提供了丰富充沛的木材资源。

文化特征：丙中洛靠近缅甸、印度及西藏自治区，是茶马古道上的重要转口站。茶马古道位于中国西南地区，是一条古代中国民间的国际商贸走廊，也是占主导统治地位的中原民族与西南民族进行文化交流的通道。其主要交通方式为马帮，即货物主要由人和马匹来驼运。茶马古道的路途奇险，自然风光甚为壮观。古时马帮的每一次出征都冒着生命危险，但茶货贸易的利益又令他们欲罢难休。茶马古道位于五里村的一段就是在山崖上开凿，极窄的路贴着崖壁，崖壁外侧就是奔流的怒江。

"丙中"是藏语"箐沟边的藏族寨"的意思。丙中洛地区有着绝美的景色，这里雪山环绕，怒江、澜沧江、金沙江并流而过，有着纯净的自然风光和淳朴的风土民情。

五里村是怒族村寨，村内仅有几十户人家，淳朴的村民还保留着较为原始的生活方式，居住条件也很简陋。一座座房屋散列在山前冲积扇上，随山势高低错落，家家户户的屋顶都朝同一方向布置。房屋前后有大片的草坪，视野开阔。

村内的民居为木楞房，属井干式结构，不像泸沽湖木楞房那样用圆木，而是用厚枋层层垒叠而成。石片顶房和"平座式"垛木房为村内住宅的两种主要形式。石片顶房一般以土石为底墙，垛木为楼，石片盖顶，结构简单又利于防潮排雨。覆盖的石片取自当地特有的页岩，质软且薄平，便于进行削、钉等操作。而且这种石材使用寿命长，一两代人都不用更换。"平座式"垛木房先用短柱及梁、板搭成一个由木柱支承的、地形高差利用平座支柱高矮调节的平台，然后在平台上建垛木房[2]。这种建造形式不仅适应了起伏的坡地地形，有利于防潮，平台下的空间也可用于饲养家禽。怒族人在建筑中大量使用木材是源于该民族对木有着特殊的感情，认为其是上天的恩赐，不可亵渎[3]。

村内民居的每间房屋都有明确的功能分工。堂屋是全家人公共活动的场所，面积较大。火塘是堂屋的核心，占堂屋面积的四分之一，全家人的生活几乎都围绕它进行。堂屋的旁边有一间面积为9~12m²的卧室，兼有仓库的功能。堂屋和卧室旁通常建有粮仓，由主妇专管，其他人不得入内，体现了传统怒族社会女性地位的重要性。

建房对怒族人来说是件大事，整个过程都很讲究。在建造前，先要选地和占卜。当地人所用的传统占卜方法多种多样，如粮食卜、玛瑙卜、鸡蛋卜等，后来受藏传佛教影响，有的人家盖房时要念经、卜卦、测定风水，并择吉日建房。经过3~4个月的备料，于12月至次年1月开始建房。建房过程中非常重要的就是立火塘，在房屋盖好的当晚，还要唱盖房歌以示庆祝。

怒族人还有其独特的"季节性游动的双宅式"居住方式，就是说一家人有两处住宅：一处是固定不变的，满足家庭生活全部功能的主要住址；另一处是变动的，为适应耕种需要的前沿住地。通常在作物播种后，家庭成员会全部或部分移住到前沿住屋中，秋后再搬回原住地[4]。

五里村的居民还有着其独特的宗教信仰和节日，在茶马古道的兴盛时期，藏传佛教曾在古道沿线传播。但现在的五里村居民信奉的宗教较为复杂，但基本属于原始宗教，认为该地的山水树木有灵，如在农历2月8日庆祝"桃花节"，以求神灵保佑；在农历3月15日有"仙女节"，来祭拜神灵。

地理解读：丙中洛五里村座落于茶马古道沿线，依山而建，风景壮美，民风淳朴。当地居民有原始的自然崇拜、天主教、基督教、藏传佛教等多种宗教信仰，体现了当地文化的多元融合。独有的石片顶房满足了当地自然条件下对通风、防潮、防寒的多重需求。

* 研究成员：郁秀峰、殷 帆、郑 雷、裴 钰
* 本研究课题为北京大学研究生课程建设项目（编号：2009-11）

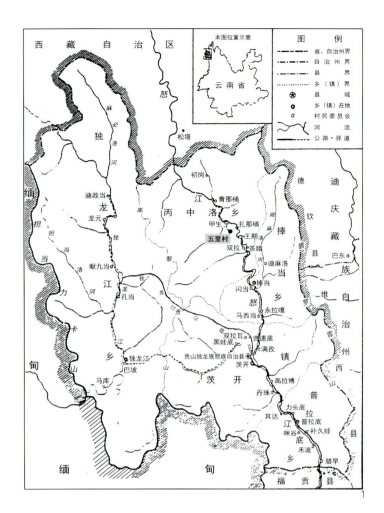

1. 贡山独龙族怒族自治县行政区划图。丙中洛五里村位于云南贡山独龙族怒族自治县东北部，地处怒江边，为高黎贡山的巨大山系所包围。（资料来源：贡山独龙族怒族自治县志编纂委员会．贡山独龙族怒族自治县志，2006：插图）
2. 怒江深切河谷，在崇山峻岭间流淌，五里村就坐落在怒江河畔。（摄影：殷帆）

3.这里曾经不通汽车,这座跨越湍急河流的拉索桥只有马帮走过,如今已经废弃,取而代之的是能够通车的石桥。(摄影:殷帆)

4.这段古栈道是茶马古道的一部分,陡直的崖壁下令人心惊胆颤的急流。昔日的马帮历尽千辛万苦,翻越雪山,来到怒江之畔。江边的五里村成为他们落脚休息的驿站。(摄影:殷帆)

5.雪后的五里村,依稀可见村内民居随着山势高低错落,屋顶都朝着同一方向布置,房前屋后有大片的草坪。(摄影:殷帆)

6.雪后的五里村。五里村降雪一般在1~4月,11~12月。积雪多出现在1~2月和12月份内,尤其在2月出现积雪的情况较多。(摄影:殷帆)

7.尽管刚下过暴雪,来自怒江下游的温热谷风使积雪很快化去,随怒江水日夜不息地向南流去。(摄影:殷帆)

8.由于交通不便,这里的建筑往往就地取材,地基采用石料,房屋的主体采用木料,而屋顶则是用当地特有的一种片状石板搭建而成。这样的选材很好地适应了当地多雨潮湿的气候。(摄影:殷帆)

注释

1.贡山独龙族怒族自治县志编纂委员会.贡山独龙族怒族自治县志[M].北京：民族出版社，2006：27
2.李月英."三江并流"区的怒族人家[M].北京：民族出版社，2004：50~52
3.张跃，刘娴贤.论怒族传统民居的文化意义——对贡山县丙中洛乡和福贡县匹河乡怒族村寨的田野考察[J].民族研究，2007(3)：56
4.李月英."三江并流"区的怒族人家[M].北京：民族出版社，2004：52~53

参考文献

[1]贡山独龙族怒族自治县志编纂委员会.贡山独龙族怒族自治县志[M].北京：民族出版社，2006
[2]李月英."三江并流"区的怒族人家[M].北京：民族出版社，2004
[3]毛刚.生态视野 西南高海拔山区聚落与建筑[M].南京：东南大学出版社，2003
[4]《怒族简史》编写组编写.怒族简史[M].北京：民族出版社，2008
[5]张跃，刘娴贤.论怒族传统民居的文化意义——对贡山县丙中洛乡和福贡县匹河乡怒族村寨的田野考察[J].民族研究，2007(3)：54~64
[6]赵沛曦，张波.怒族历史与文化[M].昆明：云南民族出版社，2007
[7]中国科学院中国植被图编辑委员会.中华人民共和国植被图（1：1000000）[M].北京：地质出版社，2007
[8]中国科学院中国植被图编辑委员会.中国植被及其地理格局——中华人民共和国植被图（1：1000000）说明书（上卷）[M].北京：地质出版社，2007
[9]中国科学院中国植被图编辑委员会.中国植被及其地理格局——中华人民共和国植被图（1：1000000）说明书（下卷）[M].北京：地质出版社，2007

作者单位：北京大学城市与环境学院

9.怒江两岸海拔落差很大，上至四五千米，下至数百米，因而尽管两岸雪山林立，江边的村子在冬季依然温暖多雨。雪后的积雪会很快地化去。但在等待化雪的日子里，是一年中最冷的日子。两个小姐妹在火炉边烤火，等待窗外雪化，好出去玩耍。（摄影：殷帆）

10.火塘是常年不灭的，这是怒江地区少数民族千年来延续下来的传统。（摄影：殷帆）

西蒙·华勒兹的现代竹构实践
Simon Velez with his practising of modern bamboo construction

惠逸帆 *Hui Yifan*

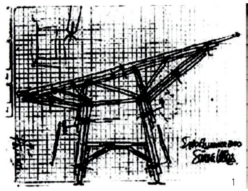

1. 华勒兹草图
2. 开裂影响到竹材的耐久性
3. 传统低技竹构节点及其复杂的几何关系

[摘要]本文介绍了哥伦比亚建筑师西蒙·华勒兹在独特的实践背景下,通过对竹构连接技术的发展,不断挖掘竹构作为一种独立建造体系的潜力,并结合竹材的特质,将之深入贯彻到设计的各个方面。展现了一位建筑师如何将自己的建筑实践与社会问题、可持续发展问题建立起联系,并表明自己的立场。

[关键词]西蒙·华勒兹、现代竹构、竹构连接技术、竹构与可持续发展

Abstract: *This paper provides an introduction of the Colombian architect, Simon Velez, who disintered the potential of bamboo structure used as an independent construction system and applied its particularity in all aspects of design, on the particular background of his practising, by constantly improving the technology of bamboo connecting. That shows how the architect established a relationship between his practising and the issues on society as well as sustainable development, also indicated his standpoint.*

Keywords: *Simon Velez, Modern Bamboo Construction, the Technology of Bamboo connection, Modern Bamboo Construction and Sustainable Development*

2008年在墨西哥城的邹克娄(Zocalo)中央广场上,树立起一座世界上最大的竹构建筑——游牧美术馆。这座临时建筑占地5130m²,几乎占据了这一拉丁美洲最大广场的一半。它的设计者是来自哥伦比亚的建筑师西蒙·华勒兹。

一、西蒙·华勒兹(Simon Velez)

西蒙·华勒兹毕业于波哥大的哥伦比亚大学。迄今为止他参与完成的项目超过了100个,其中的绝大多数服务于南美哥伦比亚乡间的农场主。在当地,普通的建筑材料比如砖、混凝土较为匮乏,因而造就了华勒兹对当地随手可得的材料进行试验的机会,在项目中尝试使用竹子、红树林木材、棕榈板以及粘土瓦等。

值得一提的是华勒兹在哥伦比亚的建筑实践中,逐渐发展出一套特殊的建造模式。他通常只和固定的施工队合作,他们训练有素,并由此得以在下一个项目中吸取前例的成功经验与教训。华勒兹习惯于将自己的设计徒手画在8x11的方格纸上,以此确保和工人沟通时简单易懂,而CAD图纸则为了与甲方沟通或改进方案时制作。

从他的草图中(图1),我们能读出一个显见的设计概

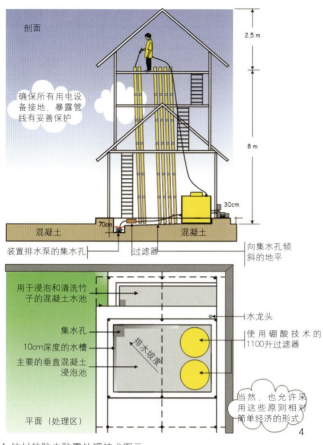

4.竹材的防虫防霉处理技术图示
5.哥伦比亚的瓜多竹
6.Shoei Yoh设计的奈于(Naiju)社区中心

念：对力的平衡的表达。图中屋顶有很大的悬挑，但重心稳定，承力关系明确。很多建筑师在使用竹子作为建筑材料时通常会犯的毛病是把竹子当木材一样使用，而华勒兹的努力是实验性的，他希望设计能最大程度地尊重竹子自身的特点。

在具体了解华勒兹是如何使用竹子并发挥竹子自身特点前，让我们先了解现代竹构的发展，以便对华勒兹的工作价值有一个清晰的认识。

二、现代竹构的发展

在现代建筑的文献中，几乎很难找到竹构的身影，竹子通常只作为现代建筑局部的造型元素使用，这与掌握着建筑话语权的欧洲以及北美地区为非产竹区不无关系。然而，在产竹区，如南美、非洲特别是东南亚地区，当地居民使用竹子作为建筑材料由来已久[1]。如在我国云南南部的广大少数民族地区，传统竹楼民居至少有3000年左右的历史[2]。

1.传统竹构的问题

长期以来，竹构总给人以简陋粗鄙的印象。在印度，中上阶层通常使用石、木作为建材，只有在社会底层的人才使用竹子，因传统竹构的耐久性和适用性较差。

首先为耐久性问题。竹子因其生长纹理通直，容易开裂(图2)；竹子中空，竹节中部的空腔承力效果差；未经处理的竹子在使用过程中极易发生虫蛀和霉变的问题。

其次为适用性问题。竹子断面呈圆形，作为建材，将会给构件的连接带来复杂的几何关系(图3)；因为其纹理通直易开裂的问题，竹子也很难胜任十字交叉形节点的承力要求；竹子为天然材料，竹材的断面直径、长度以及品质都会因生长气候的变化而不同，给竹材产业化带来了困难。这些问题阻碍着竹子作为现代建材的开发利用。

2.现代竹构的发展

依托现代科学技术的进步及建筑师、工程师的努力，上述种种问题逐步得到了解决或改善，主要表现在四个方面：竹材(瓜多竹Guadua angustilfolia)的性能测定(图5)、促成竹建筑技术标准的颁布[3]、竹材防虫防霉技术的成熟(图4)以及传统竹节点的改进。

除却技术问题的解决，竹构的社会效益[4]、生态意义[5]以及人们对竹子文化价值的认同，是竹构在当今世界范围内得到重视、发展并充满潜力的更深层原因。如日本建筑师Shoei Yoh设计的奈于(Naiju)社区中心(图6)，网格化连接的竹竿形成一个巨大的屋顶形态，轻盈而富有诗意。建筑师既吸取了日本传统建筑使用竹子的精妙手法，又以截

7. 上好工艺的藤条绑扎连接节点
8. 竹销连接节点图示
9. 运用铁质夹钳的连接节点图示
10. 基于穿杆与混凝土注入技术的竹构节点
11. 垂直竹竿穿竿
12. 华勒兹的短期工作坊的竹构实验

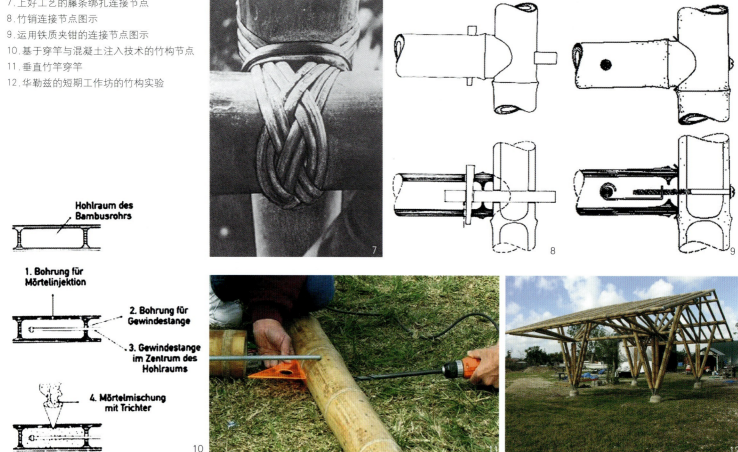

三、西蒙·华勒兹对传统竹构节点的改进

1. 传统竹构民居——绑扎与竹销连接

传统竹构最为主要的连接方式是绑扎与竹销连接。由于竹子纹理通直，因此极容易开裂，而绑扎法避免了在竹节表面做任何可能使其开裂的动作，通过使用藤条（图7）、棕绳、竹皮等绑扎竹竿达到连接的目的。竹销连接较为复杂（图8），有明销、暗销之分，原理即在两竹间增加连接件销，有时需要再固定竹销。

传统竹构节点根据竹材特性扬长避短地使用竹材，存在多种适用、巧妙的竹构节点。但基于竹子的特性和当时技术条件的限制，传统竹构很难有较大的作为：高度、跨度受限，耐久性和适应性也普遍较差。同时，传统竹构的建造对建造者提出的技艺要求高，且生产效率低，并不适应现代竹构大规模、高效率建造的需求。

2. 西蒙·华勒兹发明的穿杆与砂浆注入技术

在华勒兹之前，许多工程师和建筑师意识到传统竹构连接方式存在的问题，做过许多改进探索。如受竹销连接的启发，出现了一种以铁质夹钳代替竹销（图9）的方法，运用工业成品使生产效率提高，同时对工人的操作要求也大为降低。但是，由于此种连接法不可避免地仍需在竹节上钻孔，并且构件连接的紧密程度与对钻孔周围竹空腔的压力成正比，因此，此节点仍然存在易导致竹子开裂的问题。

华勒兹的发明较为有效地解决了此问题，这是一种基于穿杆与砂浆注入技术的竹构节点（图10）。如图所示，利用穿杆的方式在竹节空腔中置入金属杆件，并通过在竹节表面钻孔，灌入砂浆。凝固成型后的砂浆既锚固了金属杆件，又起到了改善竹节中部空腔承力效果差的问题，竹子不易开裂。通过平行与垂直穿杆（图11）的方式，此节点既可以运用于同一平面内竹竿间的交接，也能实现在三维空间内多竹竿间的相互连接。整座构筑物的所有节点可以只采用这一种连接方式搭建而成（图12）。由此可见，此节点能广泛地运用在各种建筑构件比如梁柱的连接，适用性强。并且，使竹构的大跨度成为可能。

华勒兹在20年前发明了此种竹构节点，在这20年中，其他建筑师、工程师也对竹构节点做着有益的研究。比如伦佐·皮亚诺就对竹子通过轻金属，比如轻金属管、轻金属片，连接在一起非常感兴趣（图13）；而布鲁诺·胡伯（Bruno Huber）则发明了一种连接构件（图14），解决了因竹子断面呈圆形而产生的材料连接困难的问题，简言之，就是给竹子端部接上一个合成物、铝或钢质的套帽，这样，就可以方便钻凿等进一步加工操作，甚至可以和别的金属构件进行焊接。除此之外，木构的一些成熟技术，比如球形的空间节点连接构件，因金属杆件与竹竿连接技术的突破，也被成功地引入到竹构的连接技术中。

把华勒兹的竹构连接方式与其他建筑师、工程师的研究成果相比较，可以发现其最大特点便是低技、价廉，并具有广泛的适用性，这与华勒兹在哥伦比亚的工作条件与背景是息息相关的。华勒兹的竹构连接通过使用简单的劳动工具、通过价廉的材料雇用普通的工人即可实现。此种连接方式，也使选择竹材作为建材的灾后应急与针对低收入者建设项目的实际操作的可能性增强，并具备了更大的社会推广意义。就此角度而言，西蒙·华勒兹的探索工作是值得人们尊敬的。

四、西蒙·华勒兹的竹构实践

现年59岁的华勒兹刚刚又完成了一个节能商店的原型设计，这个设计的业主为零售业巨头家乐福。如今，西蒙·华勒兹的竹构实践已不局限于哥伦比亚，在巴西、印度、德国、墨西哥都有他的建成作品。他的现代竹构实践，一方面从竹构的构造与结构入手，在建筑跨度、规模上不断地挖掘着竹构作为一种独立建造体系的潜力；另一方面，其每一个设计力求着眼于项目自身特殊要求与条件，以此为契机，结合竹材的特质将之深入贯彻到设计的各个方面。下文简要介绍华勒兹近年来规模和影响都较大的两个竹构设计：游牧美术馆和ZERI临时展馆。

1. 墨西哥城游牧美术馆

游牧美术馆是一栋为展出加拿大艺术家格雷戈里·科伯特（Gregory Colbert）的摄影和影片《灰与雪》（Ashes & Snow）[6]而搭建的临时建筑。2005年3月，第一座游牧美术馆在纽约开幕，之后，游牧美术馆如同迁徙般游历了圣塔莫妮卡、东京，最后来到墨西哥城。这来源于科伯特的构想，他希望这是一座巡回展出的美术馆，可轻易在世界各地就地搭建，以作全球巡回展出时的短期场地。他每到一处总与最具创意的建筑师合作，如在纽约开幕的美术馆的设计师是坂茂，他运用集装箱搭建而成美术馆形象，我们已较为熟悉（图15）。

关于墨西哥城的游牧美术馆，科伯特向建筑师提出要求：用可再生资源建造一座雄伟的建筑以陈放艺术家那些挂毯大小的表现人与动

13. 伦佐·皮亚诺的竹与轻钢连接节点
14. 布鲁诺·胡伯发明的竹连接构件
15. 坂茂设计的游牧美术馆

16.墨西哥城中央广场上的游牧美术馆（效果图）

物梦幻般互动的照片。华勒兹因为其在竹构领域的探索而赢得了这次合作。

如前文所述，这是一座世界上最大的竹构(图16~17)，包括两间展览厅和三个独特的剧院(图18)。游牧美术馆的设计亮点在于其屋顶，巨大的竹桁架使得整个建筑的形象鲜明，并创造出了展览的无柱空间。承托起屋顶的是由一根根竹竿竖直致密排列的竹墙。有意思的是形成竹墙的竹竿在顶部呈一直线排列，接合着坡顶的檐口，而在竹竿的底部则呈正弦曲线排列，于是，竹墙随着空间的延伸而形成了直纹曲面。这样的设计处理不仅发挥出了竹材作为线性杆件在造型上的特点，同时在承力底部增加了承力点投影线两侧的触点，形成了近似三角形的承力关系，使得整个结构更稳定。

2. ZERI临时展馆

在2000年汉诺威世博会上，ZERI (Zero Emission Research Initiative)临时展馆(图19)成为了体现"零排放研究行动"核心内容的现实案例：如何合理地使地球的自然资源满足所有人的基本需求。

初次见到ZERI临时展馆的每个人都会惊叹于如此规模的建筑居然是使用竹子建造而成的。在1997年，"零排放研究行动组织"就决定使用竹子建造这个临时展馆，目的是希望在南美地区推广竹子作为建材进行建造。于是，来自哥伦比亚又有着丰富竹构建造经验的西蒙·华勒兹成了最为合适的展馆建筑师人选。

设计为一个圆形的竹结构，确切地说是一个直径为40m的十边形，建筑外围形成7m的悬挑结构，地面支撑点分别位于距离中心点的8m和14m处。展馆分为两层，总建筑面积达2150m²。建筑的屋顶形式是西蒙·华勒兹的典型处理手法，华勒兹本人也自称为"屋顶建筑师"。大跨度的悬挑结构对于华勒兹而言，一直是一个值得尝试的课题。

展览馆使用的竹子即前文所述经过性能测试的瓜多竹，产于哥伦比亚。规格为竿径从10~14cm，壁厚从11~22mm之间。为了避免虫蛀和发霉，竹材都经过防虫防霉的烟熏处理。

在此项目中，华勒兹基于自己发明的穿竿与砂浆注入技术，发展出了另一种以金属条为连接件再以螺栓固定的竹构连接新方式(图20)[7]。为了实验新节点的可行性，华勒兹在汉诺威建造ZERI临时展馆前，首先在哥伦比亚建造了一座可以称之为其原型的竹构。华勒兹同样改进了展览馆的柱、梁构件使其能承受更大的荷载。此种柱、梁构件(图21)是采用一组竹子并接的方式组合而成，其连接也同样使用了穿竿与砂浆注入技术。

ZERI临时展馆挑战了已往人们对竹构的经验，创造出一个巨大却疏朗、亲切的竹构形象。设计中竹材的线性特征被充分表达，真实明确的承力关系清晰可读，带给人一种沉稳典雅的美感。

2000年汉诺威世博会的主题为人类·自然·科技。在其他展馆竞相展示高科技为可持续发展和资源保护带来的好处时，选择使用低技

17. 游牧美术馆
18. 独特的剧院空间

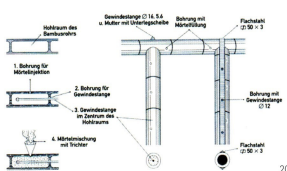

19. ZERI临时展馆
20. 基于穿竿与混凝土注入技术的竹构节点
21. 束柱束梁

建造的ZERI临时展馆反其道而行之。它没有采用惯常的技术运用，比如太阳能利用、水循环等来表达可持续的理念，而是以其开放性的设计、均质无障碍的空间、构件材料的质朴，表达出一种更贴近自然地、平等地、低消耗地使用地球自然资源的态度。这同样也是西蒙·华勒兹的现代竹构实践所共同表达出的一种态度。

注释

1. Dunkelberg, Klaus. Bamboo as a building material. in: IL31 Bambus, Karl Kramer Verlag Stuttgart, 1992

2. 杨宇明等. 新型主建筑的实践和发展. 竹子研究会刊, 2004(01)

3. 目前，由INBAR提交的竹建筑国际标准草案(DIS 22156和22157)已获得国际标准组织(ISO, the International Standard Organization)的批准。草案正在完善之中。相关信息请查找http://www.bwk.tue.nl/bko/research/Bamboo/ISO%20N313%2022156.doc

4. 竹子在产竹国获取容易、廉价且建造速度快，因此，竹构作为灾后应急和低收入住房较为合适。据厄瓜多尔Viviendas del Hogar de Cristo(VHC)的数据，厄瓜多尔利用竹子为穷人盖房，每栋23～25m²的竹房只需360美元，一栋竹房屋可在4～5小时内完成。

5. 竹子为速生植物，在3～4年内即可成材；选用竹材环境效益高，相同面积的建筑，其耗能仅为混凝土能耗的八分之一。

6. 相关信息请查找http://www.ashesandsnow.org/en/

7. 据斯图加特的一家研究机构测试，新的连接方式能承受140kN的拉力，是原有技术可承受力的2倍。

参考文献

[1] Dunkelberg, Klaus. Bamboo as a building material. in: IL31 Bambus, Karl Kramer Verlag Stuttgart, 1992

[2] 杨宇明等. 新型主建筑的实践和发展. 竹子研究会刊, 2004(01)

[3] Lindemann, Klaus. Der Bambus-Pavillonzur EXPO2000 in Hannover. in: Bautechnik. Nr. 7. 77 Jahrgang, 2000

[4] Vegetal steel: bamboo as eco-friendly building material. The Associated Press, 2008(2): 5

作者单位：南京大学建筑学院

建筑是市场的产品
——北京艾瑟顿国际公寓设计
Architecture Is the Product of Market
Atherton International Apartment Design

朱晓东 Zhu Xiaodong

建设单位：北京侨新房地产开发有限公司
设计单位：清华大学建筑设计研究院
　　　　　清华大学建筑学院
室内设计：加拿大DFS建筑、环境与室内设计公司
建设地点：北京市海淀区中关村
设计/竣工时间：2004年/2008年
用地面积：6912m²
总建筑面积：51282m²
其中：地上建筑面积38015m²，容积率5.5，地上20层，地下3层

　　本文所介绍的项目有两个名称：北京中关村时代科技中心和北京艾瑟顿国际公寓。名称的变化反映了建筑内容的调整和设计的两个阶段，可以说，前一个阶段基本是按部就班的设计，设计的主体是商住办公楼；而后一个阶段则是在地下工程已在建设过程中的设计改造，设计将主体功能改为服务式公寓。两个阶段的设计变化源于开发商市场定位的调整和变化。本着建筑服务于社会，设计服务于市场的理念，设计师在充分理解了甲方的变更理由的基础上，严格按照建设流程规范，巧妙地调整了设计，并达成良好的综合效益。设计前后历时3年。

　　该项目位于北京海淀南路36号东，万泉河路以东，毗邻北京海润大厦和中信国安数码港。开发商起初的定位为以中关村的电子卖场式商业及商住两用办公楼为主打产品，面向的受众为适宜商住两用者办公为主，案名为中关村时代科技中心。方案设计在严肃认真和反复探讨中轮次推进，达成的共识是在狭小的寸土寸金之地以简练、干净的造型及水晶柱状的北侧体量尽可能地争取建筑空间。设计展现的是标准的商业及商住写字楼建筑形态。施工图原汁原味地忠实于方案设计。

　　施工图顺利提交后项目未能马上开工，开发商陷入了长时间的拆迁难题之中，与此同时，开发商却获得了难得的反思时间，并再次委托房地产策划公司进行了深入的市场调查，以论证周期变化后原市场定位是否准确。其结果对原先的定位提出了否定，报告显示出在中关村一带有很强的对服务式公寓的需求。服务式公寓在北京已有多个成功的案例，包括清华大学建筑设计研究院在中关村参与设计的远中悦莱酒店公寓。中关村的服务式公寓的旺盛需求来源于几类人群：加班晚归的白领、陪孩子读书的家长、置业出租者等。开发商以中关村详细的众生相来说明设计调整的绝对必要性，设计人与开发商的争论与互相说服持续了数轮会议，最终，在原设计基本外观及总图关系不变的前提下，重新报批、重新设计了新的各层平面，其主打产品转向为服务式公寓及公寓式办公、分隔空间细化，推广案名也变更为北京艾瑟顿国际公寓。

　　此时，地下工程正在紧张施工，上部空间的变化成为交接的难题，设备容量等的变化不可避免地影响到机房，垂直管线的复杂化需要更多的转换空间等等。在综合处理所有技术问题的同时，如何在已有平面的制约条件下取得相对好的空间效果等创作课题则更为明确地摆到设计师的面前。在商住办公楼产品阶段所确定的标准层平面进深较

1. 北京艾瑟顿国际公寓总平面
2a. 北京艾瑟顿国际公寓C户型
2b. 北京艾瑟顿国际公寓A-2户型
2c. 北京艾瑟顿国际公寓E-1户型

大，长方型的规整建筑采光面较小，其适应的是较大面积的单元需求，为将其改造为有趣的小型服务式公寓，最后的设计采用了东、西、南的长进深标准空间和北部的变化套型相结合的方式，再以室内设计进一步划分套型内长条空间的办法，取得了良好的空间层次。小户型是设计的关键点，甲方要求我们大量设计市调推荐的40~60m²的零居及一居户公寓，这就造成标准层单元较多。为解决套数过多的压抑感，避免72家房客式的拥堵感，我们说服了开发商在建筑北侧中部设计通高中庭，并在靠近电梯筒的位置每两层设置一个上下贯通空间，使住户获得一定的舒畅感。此外，以每户户门的凹退等方法打破环廊的单一感。建筑师就户型内设计与甲方进行了反复的研究，并与室内设计公司配合研讨。甲方最终聘请的加拿大设计公司适当地解决了螺蛳壳里作文章的难题，以灵活的分隔方式获取卧室、客厅、餐饮、厨房等功能空间，将狭长的套型适度地划分为段落，而视线的通透尽可能减少了小户型的挤压感。这样的室内空间适应了晚归加班族、中学陪读小家庭等的全面、舒适、集成的需要。

可以说，该项目的设计经历了难产与再生的反复，而在此过程中，建筑师不断被请到开发公司研讨。三年设计过程中强烈的感觉是：建筑师是一种职业，建筑是市场的产品，设计服务中的复杂多变是对建筑师的历练。最终北京艾瑟顿国际公寓这一产品获得了良好的市场反映和回报。

需要说明的是，本项目的另一特征为狭小地段中的产品，规划建设用地范围约为6912m²，总建筑面积51282m²，其中地上建筑面积38015m²，容积率5.5，地上建筑高20层。这样紧张的用地条件在中关村西区一带相当常见。为避免建筑对地段北面住宅楼的日照遮挡，造型上采用向北逐级退台，削减体量的建筑处理方式，立面设计则强调简洁的竖向感，在过于丰富和复杂的城市街区中不事张扬。

项目负责人：朱晓东

建筑：姜魁元 高峰

结构：汤涵 刘忆川 薛健宁

水：李淑琴 罗新宇

暖：王诗萃

电：高桂生 钟新

作者单位：清华大学建筑设计研究院

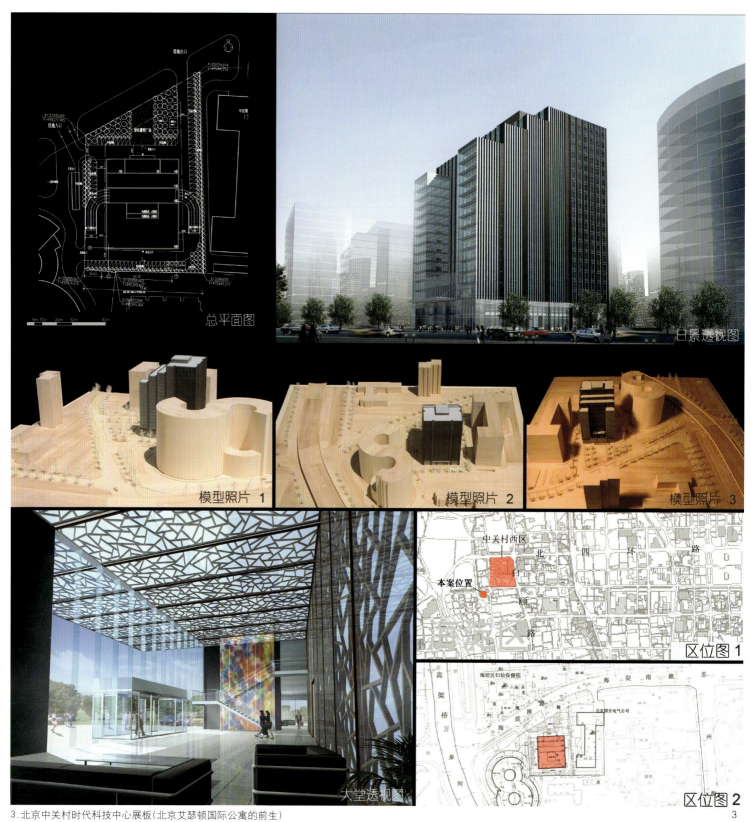

3.北京中关村时代科技中心展板(北京艾瑟顿国际公寓的前生)
4~6.北京艾瑟顿国际公寓实景照片

7~12. 北京艾瑟顿国际公寓实景照片

行列式布局多层板式住宅组团中与居住单元位置相关的室内居住条件的调查
——以北京荷清苑小区为例

Investigation on Interior Living Conditions Related with Dwelling Units' Locations in Multi-Story Row House Cluster with Parallel Layout
—— A Case Study of Heqingyuan Residential Quarter, Beijing, China

韩孟臻 尹金涛 Han Mengzhen and Yin Jintao

[摘要] 本文旨在研究在行列式布局的多层板式住宅区中，具有不同位置居住单元内部居住条件的差异。研究选取北京清华荷清苑小区为例，开展问卷调查，要求住户对日照、起居室景观、私密性、噪声这4个与居住单元所处位置关系紧密的居住条件进行评价，并基于此4个分项指标给以综合评价。描述性统计结果显示出各评价指标中住户主观评价的分布情况。多元回归分析揭示出4个分项指标对于综合评价的不同影响，按照影响由大到小的顺序可排列如下：日照、私密性、噪声和景观。

[关键词] 多层板式住宅、行列式布局、问卷调查、数据分析

Abstract: The purpose of this study is to examine the difference of residents' evaluations about the living conditions inside dwelling units, in multi-story row house cluster with parallel layout. A questionnaire survey was carried out in Heqingyuan residential quarter, Beijing, China, which collected residents' evaluations on 4 item indices (Sunlight, View from living room, Privacy, and Noise) and a comprehensive index. Descriptive statistics showed the distribution of residents' evaluations on each index. And a multi-regression analysis was applied to clarify the relationship between the evaluations on 4 item indices and the comprehensive evolutions. The result showed that according to the relative contribution in the comprehensive evaluation, the order from high to low is Sunlight, Privacy, Noise, and View from living room.

Keyword: Multi-Story Row House, Parallel Layout, Questionnaire Survey, Data Analysis

自20世纪80年代以来，行列式布局在我国各级城市的住宅中广被采用，成为多层单元式板式住宅最常见的布局方式。除了它能够提供良好的室内通风、采光环境之外，究其流行的背后成因，甚至可以追溯到我国的政治制度、生产和分配体制、民族文化传统等。

相对于周边式布局，行列式布局能够提供给各居住单元较为均好的内部居住环境。即便如此，某个特定的居住单元在小区中所处的位置（比如与绿地的位置关系、与边界道路的位置关系、楼间距空间的大小、是否是住栋中的端头单元、所处楼层等）可能会直接决定、或者影响到其内部居住条件的若干方面，比如日照、室内看出去的景观、噪声、私密性等。这些与居住单元所处位置密切关联

1. 北京清华荷清苑小区区位图
2. 北京清华荷清苑小区卫星图（图片来源：Google Earth）
3. 北京清华荷清苑小区实景

的居住条件，是难以通过对居住单元内部布局的调整或者装修等而有所改善的。

本调查研究的目的是：通过入住后评价的问卷调查方法，理清行列式布局的多层板式住宅中，住户对于拥有不同位置属性的居住单元中居住条件的评价，及其差异程度。

一、北京清华荷清苑小区问卷调查

研究选取北京清华荷清苑小区作为案例，开展了问卷调查。荷清苑小区（图1～3）位于北京市海淀区清华大学北侧，居民多为清华大学的教职员工及其亲属。该小区属于典型的多层板式住宅组团的类型，其中的住宅楼栋大部分为7层带电梯板式住宅，仅最北侧一排住宅楼为9层带电梯板式住宅。所有住宅楼栋均采用了南北朝向的行列式布局。该小区于2002年开始入住，属发展成熟型居住区，符合本调查问卷所要求的入住后评价的准确性。

调查问卷由以下三个部分组成：

1. 背景资料。该部分用于收集居住单元在小区中的位置，及作为填表人的居民的年龄等背景资料。

2. 住户对于其住宅内部若干居住条件的评价，这是本问卷的核心部分。

由于本调查的目的是通过收集住户的主观评价，揭示行列式布局的多层板式住宅组团中，由于居住单元所处的位置而决定的内部居住环境。因此，问卷在设定评价指标之时，选取了可能与居住单元在小区中的位置密切关联的四方面居住条件作为分项指标，包含：日照情况、起居室看出去的景观状况、私密性状况、和噪声影响（下文中分别简称为日照、景观、私密性和噪声）。最后，问卷还要求住户基于以上四个方面的居住条件给出一个综合评价。本研究参照了日本建筑计划学研究中常用的SD[1]法，针对每个评价指标（亦即一方面的居住条件），设计了7级式的评价尺度（非常差、差、有点差、不好也不差、还可以、好、非常好）。因为按照研究者的预判，行列式布局的板式住宅楼的室内居住条件可能具有相对较高的均好性，采用相对细分的评价尺度有利于捕捉到居民的主观评价中较微妙的差别。

3. 住户关于住宅位置选择的个人喜好。问卷采用了四个方面来描述居住单元的位置，包含：居住单元与周边道路的位置关系、与中心绿地的位置关系、在住宅楼栋中的平面位置，以及所处楼层。该部分将对后续的数据分析结果提供验证数据。

调查采用了向小区中所有住户发放问卷，由用户自愿填写，定期回收的方式。最终本调查总共发放调查问卷1120份，回收有效问卷353份，回收率为31.5%。收回的问卷是关于散布在小区不同位置的居住单元的评价,具有随机抽样调查的样本代表性,符合本研究的要求。

二、住户主观评价的描述性统计

首先,通过计算用户评价的平均值,可以看出荷清苑居民对各项居住条件的平均评价(表1)[2]。按照居民的满意程度,五项居住条件的评价指标由好到差可以排出以下顺序:日照、综合评价、景观、私密性和噪声。其中最好的是关于日照评价的均值,为1.84,近似于评价选项"好"。而评价最低的是噪声,近似地可以被描述为"有点差"。值得注意的是综合评价的均值是1.26,相当于"还可以"的评价选项,可见,居民对自己居住单元内部的居住环境还比较满意。

住户对于各居住条件的主观评价的平均值　　　　　表1

评价指标	日照	景观	私密性	噪声	综合指标
评价平均值	1.84	1.16	0.95	-0.75	1.26

*主观评价定序变量赋值方法:非常差:-3;差:-2;有点差:-1;不好也不差:0;还可以:1;好:2;非常好:3

此外,通过对居民的主观评价分布情况的观察,揭示出不同居住单元中居住条件的差异性。图4中的柱状图表现出在各个居住条件方面,住户不同评价的数量分布。可以看出住户群对于日照、景观、私密性和综合指标的评价值相对集中。以最具代表性的综合评价指标为例,选择"还可以"和"好"的居民占了84.7%,集中趋势非常明显,反映出行列式多层板式住宅组团在以上居住条件方面具备很强的均好性。作为唯一的例外,居民对于噪声音情况的评价相当分散,揭示出噪声环境的非均一性。通过图4可以看出,绝大多数居民对小区的日照、景观、私密性还比较满意,而一半以上的居民认为噪声的影响对生活造成了很大的干扰,可见小区的整体环境还不错,唯噪声环境还亟待改善。

考虑到可能影响噪声和私密性这两类居住条件的因素较多,调查问卷除收集住户主观评价之外,还以填空的形式询问了他们认为在这两方面对居住环境造成损害的主要因素。在353份有效调查问卷中,有254份填写了噪声的主要影响因素,149份填写了私密性的主要影响因素。下文分别统计了噪声和私密性的主要影响因素构成,以期分析得出改善这两方面居住环境的有效手段。

居民关于居住环境中噪声源的描述大致可分为4类(图5):影响最大的是北侧道路的交通噪声,约2/3的居民提及该点;第二位的是居民户外活动所引起的噪声,有约1/4的问卷中提及;而小区内割草机的施工噪声和南面旧电厂的噪声位列第三、第四位,但提及的人数比例相对较低。由以上噪声源的构成可见:小区北部受北侧城市道路的交通噪声影响最大,中部被小区内部居民户外活动所影响,而南部则受到旧电厂的施工影响,小区内噪声环境好

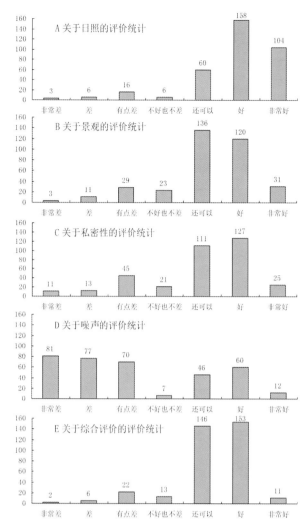

4.居民关于五项居住条件的主观评价的分布情况

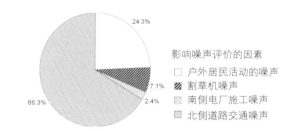

5.影响噪声评价的因素

坏分布十分不均匀,这回答了为何居民关于居室内噪声环境的评价分布最为离散。

北侧道路交通噪声是影响该居民日常生活的最主要噪声源,这与小区在城市中所处的地理位置有关。虽然该道路并非城市主干路,但小区最北侧4栋住宅楼与道路之间的距离还是很近的(9m左右)。假设在规划设计阶段能在北侧设置一定的噪声隔离设施,如结合停车的绿化隔离带等,应可有效减少交通噪声的影响。另外,问卷中关于居民户外活动所引起的噪声描述主要包括:晨练、弹钢琴声过大、小孩户外活动太吵等。该方面因素所占比例较高应归咎于该小区将普通日照间距空间稍作放大即作为室外活动空间的规划布局;从这一角度,或许设置较大的、集中性的活动场所,并利用绿化将周边居住单元加以隔离的规

划布局更加有利。由以上分析可见，精心的规划设计是控制外部噪声对居住品质影响的最有效手段。

与其他评价指标相比，私密性是一个复合的概念。"对很多人而言，私密性就是自我的保护，体现在两个方面，一是从人群中脱离出来，二是确保别人无法进入某一特定领域或接近某些特定信息。有学者将私密性分为"言语私密性"和"视觉私密性"，前者指谈话不被外人听见，后者指不被外人看见。而影响居住建筑私密性的主要因素有：听觉干扰、视觉对视、个人空间的减少、因公共空间太小而被迫交流机会增多、外来人员的干扰等。

本调查所收集到的影响私密性的主要因素可分为5类（图6）：墙体楼板隔声差、楼间对视、外来人员干扰、外部道路交通噪声、以及南侧旧电厂改造噪声。墙体楼板隔声差是影响居民私密性的最主要原因，有超过一半的居民提到该点，具体描述如：可听到邻居的电话声、开关门声、弹钢琴声、甚至说话声等。该点的改善需依赖隔音性能好的新建筑材料的研发和应用。第二位影响私密性的因素是由于楼间距较近而引起的对视现象，有约1/4的居民提及。在保证城市土地获得高效利用作为首要考虑的当下，各地的楼间距主要都是由日照时数决定的，削弱对视现象或许只能依靠景观绿化手段来实现。其他三项影响私密性的因素所占比例较小，三项之和还不到1/5。由以上统计结果可见，对于荷清苑小区居民私密性的影响，听觉的远大于视觉的，小区内部因素远大于外部因素。

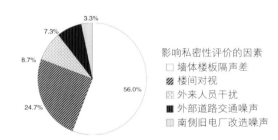

6. 影响私密性评价的因素

三、居住条件评价指标之间的关系

如前所述，本调查的目的是收集行列式布局中居住单元有可能被其位置所决定的居住条件的住户评价，由此选取了日照、景观、私密性和噪声四项分项评价指标，和基于它们的一项综合评价指标。本节应用多元线形回归[3]分析方法，以综合评价指标作为因变量，以四项分项评价指标作为解释变量，以揭示日照、景观、噪声和私密性四个分项评价指标在综合评价指标中影响的大小。简而言之，即希望发现每个分项指标的重要性如何。

分析结果中若干关于模型整体的统计值表明：选用多元回归分析方法来研究评价指标之间的关系是可行的。多元回归模型的整体拟合度如表2所示：复相关系数R=0.738，决定系数/拟合优度RSquare=0.545[4]，说明利用日照、景观、私密性、噪声四项分项指标来解释综合指标的效果可以接受。表3是多元回归方程的F检验的结果：F值104.292，P值小于0.05，说明回归方程线形关系显著，进而证明本分析模型有意义。

回归分析的最终结果如表4所示。依据回归系数的显著性检验（t检验），各解释变量的回归系数B的Sig.值都小于0.001，说明各回归系数都高度显著。两个共线性统计量（Collinearity Statistics）：容忍度（Tolerance）和方差膨胀因子（VIF）的值都接近1，表明各解释变量之间不存在多重共线性问题。为了更加直观地表现每各分项指标中住户主观评价值的变化，对于其最终综合评价值的影响程度，图7中将各解释变量的回归系数以柱状图的方式加以表达。按照对于综合指标的影响大小可排序如下：日照、私密性、噪声和景观，可见在以上四个方面居住条件中，居民最为看重的是日照条件。在运用多元线形分析工具之外，研究也同时开展了各种相关分析，包括：简单相关分析Zero-order Correlation、偏相关分析Partial Correlation以及部分相

回归分析模型的整体拟合度 表2

Model	R	R Square	Adjusted R Square	Std. Error of the Estimate
1	0.738a	0.545	0.540	0.686

a.Predictors: (Constant), 噪声，景观，日照，私密性
b.Dependent Variable: 综合

多元回归方程的F检验 表3

Model		Sum of Squares	df	Mean Square	F	Sig.
	Regression	196.284	4	49.071	104.292	0.000a
	Residual	163.739	348	0.471		
	Total	360.023	352			

* Predictors: (Constant), 噪声，景观，日照，私密性
* Dependent Variable: 综合评价

多元回归方程系数表 表4

Model		Unstandardized Coefficients		Standardized Coefficients	t	Sig.	Correlations			Collinearity Statistics	
		B	Std. Error	Beta			Zero-order	Partial	Part	Tolerance	VIF
1	(Constant)	0.562	0.075		7.522	0.000					
	日照	0.244	0.035	0.286	7.021	0.000	0.529	0.352	0.254	0.788	1.269
	景观	0.163	0.033	0.196	4.951	0.000	0.417	0.257	0.179	0.833	1.200
	私密性	0.199	0.030	0.281	6.686	0.000	0.557	0.337	0.242	0.740	1.351
	噪声	0.172	0.020	0.327	8.662	0.000	0.476	0.421	0.313	0.917	1.091

* Dependent Variable: 综合评价

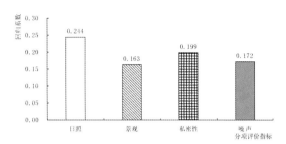

7.分项评价指标对于综合评价的相对影响

关分析Part Correlation。结果也都表明日照与综合评价之间具有最强的相关性。这进一步揭示了充足的日照条件是提高居住单元内部居住条件的最为关键的一方面。

四、结论

首先给人以深刻印象的是荷清苑小区中居住单元居住条件的均好性特点。居民针对室内居住条件的综合评价（基于日照、起居室外景观、私密性和噪声）84.7%集中在"还可以"和"好"两项评价中，另有3.1%的居民给了"非常好"的评价，而仅有8.5%的居民对此项评价给了负面答案。

其次，在日照、起居室外景观、私密性和噪声四项居住条件中，居民最看重的是日照条件。日照条件的评价与基于以上四项评价的综合评价的线形相关性也是最强的。这反过来进一步说明了行列式布局之所以广受欢迎的根本原因。同时也提醒建筑师们继续注重在布局设计中为各居住单元提供良好的日照条件，毕竟一旦设计、建造完毕，某特定的居住单元中的日照条件是再也无法改善的了。

再次，居民对于噪声影响的重视甚至高于起居室外景观的情况。居住区外部的交通噪声是构成住宅噪声影响的主要成因，应在规划设计阶段加以足够重视，采取经济、实用的隔离措施；而另一方面，居住单元之间的噪声干扰也构成影响住宅私密性的最主要因素，可通过采用隔声效果较好的建筑材料加以改善。内、外部噪声环境的综合治理应在住宅设计中给予更多的重视。

由于荷清苑小区没有集中型的小区绿地，起居室外景观的差异性不大，这或许是造成景观评价差异小，并在综合评价中影响最小的原因。因此，将来在该方面应开展更加深入地研究。

最后应当指出：本文中的数据分析结果及其推论是基于本研究团队开展的北京荷清苑小区的问卷调查，统计分析均采用了成熟科学的方法，具有相当的科学参考价值，但是由于样本量有限，住户的特征也相对相像，结论部分不可避免的存在一定局限性。

* 本文系国家自然科学基金资助项目50608042

注释

1. SD(Semantic Differential)法最早作为心理测定的方法由C·E·Osgood提出，日本建筑计划学领域常借用该方法定量的测定与使用者主观感受相关的变量（或指标）。

2. 尽管本调查用来捕捉住户主观评价的变量属于7段式定序变量，理论上不应使用平均数作为描述统计变量。但在社会学统计中往往可将5段以上的定序变量做平均数处理，以表现群体主观评价的平均分布状态。

3. 多元回归分析是指通过对两上或以上的自变量与一个因变量的相关分析，建立预测模型进行预测的方法。采用线性回归模型（$Y = \beta_0 + \beta_1 X_1 + \beta_2 X_2 + \cdots + \beta_k X_k + \mu$）的分析，即为多元线性回归分析。在本研究中，该方法被用于揭示各分项指标对于综合评价的影响程度，而并非用于预测。

4. 决定系数/拟合优度R Square的含义是自变量所能解释的方差在总方差中所占的百分比，取值范围0～1，取值越大说明模型的解释效果越好。

参考文献

[1] 李红. 居住小区"私密性"问题初探. 住宅科技, 2009(01): 25~27

作者单位：清华大学建筑学院

中小套型住宅实态调查研究分析
——以重庆市为例

The survey on middle/small houses
A case study of Chongqing

梁树英 翁 季 *Liang Shuying and Weng Ji*

[摘要]近年在国家对房地产建设实行的各项宏观调控政策中，关于大量建造90m²以下中小套型住宅的要求引发了社会各方面的关注。本文以重庆市近10年内建成的中小套型住宅为研究实例，通过问卷调查的方法，对住户进行居住实态调查，从中分析中小套型住宅使用中存在的问题，总结住户的居住意向，以期为今后中小套型住宅的设计提供参考，从而达到提高国民整体居住水平的终极目的。

[关键词]中小套型住宅、实态调查、研究分析

Abstract: *Recent years, one of the policies of real estate macro-Control, the regulation of building Middle/Small Houses with area less than 90 square meters draws the society's wide attention. The article analyzes the problems and intents of the residents by making a survey on the Middle/Small Houses which were built in Chongqing in the nearly past 10 years by the means of questionnaires, in order to provide useful referential basis in the design of Middle/Small Houses and promote the quality of living condition of China.*

Keywords: *Middle/Small Houses, survey, research and analysis*

一、前言

近年来，为了调整住房供给结构，抑制房价上涨，促进住宅建设稳步健康发展，国家先后出台了一系列政策。其中，2007年8月国发[2007]24号文件《国务院关于解决城市低收入家庭住房困难的若干意见》中要求城市新审批、新开工的住宅建设，套型建筑面积在90m²以下的中小套型应达到开发建设总面积的70%以上。由此可见，中小套型在我国住宅中所占的比例会越来越大，其设计将直接关系到国民整体居住水平。由于各地区的情况不同，中小套型住宅的面积划分也存在差异，其中常见的划分方式为：一居室建筑面积在60m²以下，二居室建筑面积在80m²以下，三居室建筑面积在100m²以下[1]。本文研究的中小套型住宅即指建筑面积在100m²以下的户型。

目前对中小套型住宅的研究，往往采取两种方式：一种是对一个具体的住宅设计项目做研究，其结果是研究者的主观意识占据研究的主导地位，其成果不具备通用性；第二种是就一些住宅户型平面进行分析，但这些分析容易与实际情况脱节，显得依据不足[2]。在本文中，笔者拟从居住实态入手，以重庆市近10年内建成的中小套型住宅及其居住者为研究对象，通过问卷调查的方式，对居住单元进行较全面的用后评价，以便准确地掌握居住者居住生活方式与居住环境之间的关系，同时研究居住者对居住空间

的使用倾向和意向，得出居住者的居住需求，以期能真实地反映出当前户型设计与使用之间的差异，为探索中小套型户型设计提供直接而重要的客观依据。

二、实态调查的研究方法

1. 样本采集：对重庆市各大主城居住区随机抽样。
2. 调研方法：①问卷调查。根据拟研究的因素设计问卷，收集受调查者的居住行为、对居住空间的评价以及基本居住需求等信息。②实地测绘。入户调研，根据实际尺寸和家具布置绘制现状平面图，了解户型设计及使用情况。③照相记录。拍摄户型内各功能房间，每房间至少拍摄两张照片，对角拍摄，真实反映户内情况。
3. 评价方法：①统计分析法。采用Excel软件对样本数据进行统计计算。②研究者主观分析法。根据样本资料对问题进行筛选、提炼和分析。

本次调研共发放问卷110份，收回100份，其中有效问卷为78份，占回收问卷总数的78%。回收的另外22份问卷，户型建筑面积均在100以上，不属于中小套型住宅的范围，故不在本文研究的范畴之内。

三、实态调查的研究对象

1. 受调查者家庭特征

样本资料显示，单身家庭占样本总数的7.7%，夫妻家庭为12.8%，核心（两代）家庭为71.8%，主干（三代）家庭为7.7%，而祖孙（隔代）和单亲家庭在调研样本中没有出现（表1）。家庭常住人口方面，1人的家庭占样本总数的9.0%，2人的为19.2%，3人的为64.1%，4人的为2.6%，5人的为5.1%（表2）。这说明，本次调研的大部分家庭在人员构成方面比较简单，以"夫妻+1个小孩"的3人核心（两代）家庭为主。调研中还了解到，大部分家庭居家生活内容比较简单，社交和娱乐活动通常在家庭之外进行。

受调查者家庭情况 表1

家庭结构	单身	单亲	夫妻	核心	主干	祖孙
户数（户）	6	0	10	56	6	0
百分率	7.7%	0	12.8%	71.8%	7.7%	0

受调查者家庭常住人口情况 表2

人数	1人	2人	3人	4人	5人
户数（户）	7	15	50	2	4
百分率	9.0%	19.2%	64.1%	2.6%	5.1%

2. 受调查户型特征

样本资料显示，三室二厅的户型占样本总数的37.2%，三室一厅占11.5%，二室二厅占23.1%，二室一厅占25.6%，而一室一厅只有2.6%（表3）。从受调查户型的建筑面积来看，80~100m²的户型为样本总数的51.3%，60~80m²的为43.6%，60m²以下的为5.1%（表4）。这说明本次调研的户型中三居室和二居室占大多数。

受调查户型套型情况 表3

套型	一室一厅	二室一厅	二室二厅	三室一厅	三室二厅
户数（户）	2	20	18	9	29
百分率	2.6%	25.6%	23.1%	11.5%	37.2%

受调查户型建筑面积情况 表4

面积m²	<60	60~80	80~100
户数（户）	4	34	40
百分率	5.1%	43.6%	51.3%

四、实态调查的研究分析

1. 对居住房间的用后评价分析

调查表中请受调查者就户型的基本情况（包括房间数、面积、布局、朝向、通风、采光和隔声）进行打分，"-3"~"3"七个级别数字分别代表"非常不满意"~"非常满意"七种评价，"0"为中性评价表示不好不坏。经过统计，受调查者对"房间数"、"布局"和"朝向"给出的正面评价（打分在"0"以上）比较多。"房间数"的正面评价占66%，"布局"占63%，朝向占62%。而对于"面积"、"通风"、"采光"和"隔声"受调查者给出的负面评价较多。"面积"的负面评价占53%，"通风"占57%，"采光"占53%，"隔声"占55%（表5）。这说明，受调查户型在房间数、布局和朝向方面能基本满足居民的需求，但户型的通风、采光和隔声方面却不尽人意。同时，居民希望能增加套内的面积，但笔者认为中小套型住宅中面积的合理利用和精细化设计比单纯地扩大面积更为关键。

另一方面，调查表还针对各房间功能进行评价。经过统计，受调查者对"起居厅"、"阳台"、"餐厅"和"卧室"给出的正面评价较多。"起居厅"的正面评价占70%，"阳台"占62%，"餐厅"占61%，"卧室"占58%。而对于"门厅"、"厨房"和"卫生间"受调查者给出的负面评价较多。"门厅"的负面评价占51%，"厨房"占56%，"卫生间"占54%（表6）。这说明受调查者对起居厅和卧室比较满意，而对门厅、厨房和卫生间则不满意。

受调查户型基本评价情况 表5

评价	-3	-2	-1	0	1	2	3
房间数	1%	8%	10%	15%	21%	22%	23%
面积	10	15	28%	10%	12%	15%	10%
布局	1%	5%	13%	18%	31%	21%	11%
朝向	2%	9%	12%	15%	26%	24%	12%
通风	8%	21%	28%	14%	12%	10%	7%
采光	6%	21%	26%	10%	15%	17%	5%
隔声	4%	25%	26%	7%	14%	15%	9%

受调查户型各房间功能评价　　　　　　　　　　　　表6

评价	-3	-2	-1	0	1	2	3
门厅	9%	16%	26%	18%	11%	12%	8%
起居厅	2	4%	11%	13%	21%	29%	20%
餐厅	2%	8%	12%	17%	21%	29%	11%
卧室	3%	7%	12%	20%	22%	23%	13%
厨房	11%	23%	22%	12%	15%	12%	5%
卫生间	11%	17%	26%	10%	18%	10%	8%
阳台	2	5%	15%	16%	21%	24%	17%

调研表中还分别列出各房间可能出现的问题，请受调查者选择（选项可多选）。针对居民最不满意的门厅、厨房和卫生间，调查结果及具体的分析如下：

1）对门厅的评价分析

门厅，是套型的重要组成部分，其空间设计的相对独立完整，不仅对于装饰装修的意义重大，而且可以形成过渡空间，有利于增强住宅内部空间的层次感。样本资料中，通过频次统计分析（以下括号内表示频次数）发现，居民对门厅的意见依次为"没有独立空间"（30）、"面积局促"（25）、"换鞋空间不足"（22）、"储藏空间不够"（20）和"宽度不够"（15）（图1）。这说明，中小套型设计中普遍存在对门厅的不重视，导致多数套型没有设置独立的门厅，或是门厅空间狭小。随着生活水平的提高，门厅空间的实用性和装饰性日益受到居民的重视，即使在面积严格限定的情况下也必须保证留有足够的穿衣、换鞋空间，同时还应该配备一定的储藏空间。

2）对厨房的评价分析

厨房是居民从事炊事活动的主要场所，是套型内使用频繁的空间之一，同时也是电器设备集中的区域。调查表中列出厨房使用中可能出现的几个问题让受调查者选择。通过频次统计分析发现，居民对厨房的意见依次为"面积不够"（36）、"采光不好"（26）、"操作面长度不够"（25）、"管道布局不理想"（22）、"没有冰箱位置"（20）、"通风不好"（18）和"橱柜不好布置"（15）（图2）。这在一定程度上反映了设计师对厨房不够重视，导致其无论是面积、方位、流线及采光通风都比较差。而随着社会的发展，厨房里的家用电器会越来越多，对厨房的可扩展性提出了更高的要求。特别针对中小套型住宅，除了适当增加厨房的面积配比外，更要求设计师充分了解厨房的操作流线，合理分配各家电的空间，以精细化设计最大限度地实现厨房的功能需求。

3）对卫生间的评价分析

卫生间是提供家庭卫生使用的专用空间，体现了家庭和社会的生活水平。卫生间除满足洗漱、化妆、洗浴、便溺等功能外，还要满足洗衣等家务活动。样本资料中，通过频次统计分析发现，居民对卫生间的意见依次为"面积不够"（33）、"通风不好"（27）、"采光不好"（25）和"没有洗衣机位置"（20）、"排水噪声大"（18）、"管道布局不理想"（14）和"洁具不好布置"（11）（图3）。这说明，设计师对

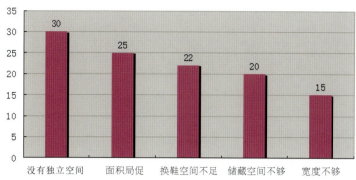

1. 受调查者对门厅的意见

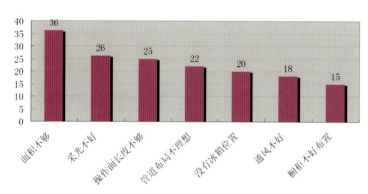

2. 受调查者对厨房的意见

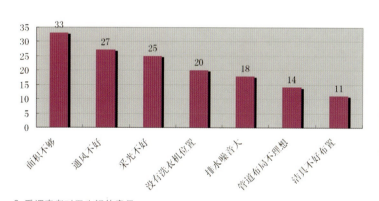

3. 受调查者对卫生间的意见

人的居住行为关注与研究得不够，使其面积偏小，空间分配与利用不合理，同时导致其卫生条件和采光通风条件都比较差。

2. 对居民居住意向研究分析

调查问卷中除了对各房间进行用后评价外，还设置了一系列针对居民居住意向的问题，由此可以研究居住者对居住空间的使用倾向或者意向，得出居住者的居住需求。

（1）根据统计，居民最希望增加的功能房间依次为储藏室（34.6%）、书房（29.5%）、健身房（26.9%）、次卫（5.1%）、工人房（2.6%）和娱乐（1.3%）（表7）。这说明随着生活水平的提高，居民希望能增加书房、健身房等能提高生活品质的房间。因此，如何使房间面积配比更为合理，是中小套型设计中必须认真思索的问题。

在调研过程中还了解到，65%的居民认为家里储藏空间不够用。当

问及愿意选择何种形式的储藏空间时，62%的居民选择储藏室，30%选择壁柜，8%选择家具。在实际生活中，储藏空间对于现代居住生活十分必要，青年住户有大量的衣物储藏需求，中年住户需要空间分别储藏自己和孩子的各自的生活用品，老年住户更是有很多不舍得丢弃的物品需要储藏。因此，在中小套型的设计中，我们应当适当增加储藏空间的比重，并根据储藏对象对储藏空间细分化。

调查者希望增加的房间　　　　　　　　　　　　　　　　表7

房间名称	书房	次卫	工人房	储藏室	健身房	娱乐
户数(户)	23	4	2	27	21	1
百分率	29.5%	5.1%	2.6%	34.6%	26.9%	1.3%

（2）样本资料显示，居民希望扩大的房间依次为厨房（24.4%）、书房（15.4%）、卫生间（14.1%）、次卧（11.5%）、储藏室（10.3%）、起居厅（7.7%）、阳台（6.4%）、餐厅（5.1%）和主卧（5.1%）（表8）。同时，针对扩大一个房间需要相应缩小一个房间面积时，居民认为可以缩减的房间依次为起居厅（29.5%）、阳台（18.0%）、主卧（15.4%）、餐厅（11.5%）、次卧（11.5%）、卫生间（6.4%）、书房（5.1%）和储藏室（2.6%），而没有居民认为可以缩小厨房的面积（表9）。可见，和传统观念"大厅小室"不同的是，在中小套型的面积限定下优化面积配比，大部分居民认为可以缩小起居厅、阳台、主卧等传统的大空间，而将面积用于扩大厨房、卫生间、书房等使用频繁的空间，以提高生活品质。

受调查者希望扩大面积的房间　　　　　　　　　　　　　表8

房间名称	起居厅	餐厅	主卧	次卧	书房	厨房	卫生间	阳台	储藏室
户数(户)	6	4	4	9	12	19	11	5	8
百分率	7.7%	5.1%	5.1%	11.5%	15.4%	24.4%	14.1%	6.4%	10.3%

受调查者希望缩减面积的房间　　　　　　　　　　　　　表9

房间名称	起居厅	餐厅	主卧	次卧	书房	厨房	卫生间	阳台	储藏室
户数(户)	23	9	12	9	4	0	5	14	2
百分率	29.5%	11.5%	15.4%	11.5%	5.1%	0	6.4%	18.0%	2.6%

（3）除了面积需求外，当下围绕厨房设计比较热点的问题是关于餐厅、厨房的组合模式，即采用何种餐厨模式解决厨房设计的个性化需求与传统烹饪带来的油烟问题，以及由此对人体健康的影响和对厨房家电、家具的污染之间的矛盾。样本资料显示，48.7%的居民希望"灶台独立"，29.5%的居民希望"餐厨独立"，11.5%希望"餐厨开敞"，10.3%希望"餐厨合一"（表10）。由此可见，居民倾向于选择"灶台独立"（即灶台独立，操作及用餐开敞）和"餐厨独立"这两种餐厨组合模式，而选择"餐厨合一"和"餐厨开敞"组合模式的居民则比较少。笔者认为，结合居民的饮食习惯，中小套型的餐厨空间设计应探索"灶台独立"的餐厨模式，即将传统厨房分为内、外两个空间，在内厨房完成煎、炒、炸等基本操作，在外厨房则完成厨房电器的操作，并与餐厅合并。这种模式对于合理分配餐厨面积比，提高空间的利用率，增加空间的通透性具有重要的意义。

受调查者对餐厨模式的选择情况　　　　　　　　　　　　表10

	餐厨合一	餐厨独立	餐厨开敞	灶台独立
户数(户)	8	23	9	38
百分率	10.3%	29.5%	11.5%	48.7%

（4）中小套型的卫生间，除了适当扩大面积外，更重要的是根据居民的使用需求和使用频率合理地划分空间，以提高利用效率。样本资料显示，46.1%的受调查者认为"沐浴空间"应该独立分室，29.5%的受调查者认为"如厕空间"应该独立分室，16.7%认为"盥洗空间"应该独立，7.7%认为"家务空间"应该独立（表11）。这说明，将"沐浴空间"和"如厕空间"独立分室，而"盥洗空间"和"家务空间"合用，能使卫生间的功能更为合理，这也比单纯地增加卫生间的数量或面积更有实际意义。

受调查者认为卫生间应该独立分室的空间　　　　　　　　表11

	如厕空间	沐浴空间	盥洗空间	家务空间
户数(户)	23	36	13	6
百分率	29.5%	46.1%	16.7%	7.7%

五、结论和建议

在中小套型的设计中，户型设计的关键主要体现在总面积控制、房间面积分配、空间布局的灵活性、空间划分的高效性和设备安排的便利性等方面。通过以上调查分析，对中小套型的设计，我们提出如下建议：①适当减少起居厅和阳台的面积，并将这部分面积用于扩大厨房、卫生间和书房的面积；②合理分配主卧和次卧的面积，在不影响使用的情况下，增加次卧室的面积，使各卧室的尺度适宜；③尽量在入户处划分出门厅空间，或者保留通过家具划分出门厅空间的可能性，并保证其足够的宽度和使用面积；④尽可能增设独立储藏室，并根据储藏对象对储藏空间细分化，灵活布置储藏空间；⑤解决好厨房的通风采光及设备问题，合理安排餐厅和厨房的位置关系；⑥解决好卫生间的通风采光及设备问题，将内部功能空间有效组合分化，提高使用效率。

随着我国住宅建设的发展和资源紧缺现象的加剧，住宅设计对居住品质及可持续性提出了更高的要求。一方面，消费者对于住宅商品的品质要求越来越高，越来越多的精装修住宅在逐步取代着毛坯房的位置；另一方面，国家对于住宅套型面积的限制也是大势所趋，"小面积、高品质"必将代表着新时期我国住宅的发展方向。因此，我们应该通过住宅实态调查研究与分析，充分掌握当前中小套型的实态特征，了解居民的居住意向，结合我国的国情，将住宅设计逐渐从粗放型建设转向精细化的设计方向，把我国城市集合住宅建设提高到新的阶段。

* 国家"十一五"科技支撑计划"绿色建筑全生命周期设计关键技术研究"第四子课题"中小套型高集成度住宅全寿命周期设计技术、系统及产品研究"，资助课题号：2006BAJ01B01。

注释
1. 王贺，曾雁，焦燕.中小套型[J].城市建筑，9~10
2. 尹朝晖，吴硕贤.居住单元室内空间的使用倾向性研究——以深圳为例[J].新建筑，2004（6）：76~78

参考文献
[1]赵冠谦.解读中小套型住宅观念与规划设计——兼析'90中小套型住宅优秀方案[J].建筑学报，2007（4）：4~7
[2]王贺，曾雁，焦燕.中小套型[J].城市建筑，9~10
[3]尹朝晖，吴硕贤.居住单元室内空间的使用倾向性研究——以深圳为例[J].新建筑，2004(6)：76~78
[4]尹朝晖，吴硕贤，张红虎.家庭居住生活方式影响要素调查及分析——以珠三角地区为例[J].建筑学报，2007(4)：10~13
[5]仲继寿，赵旭，于重重等.居住建设健康影响实态调查研究[J].建筑学报，2008(4)：10~13
[6]周燕珉，邵玉石.住宅复合型厨房空间研究[J].建筑学报，2003(3)：37~39
[7]周燕珉，杨洁.中、日、韩集合住宅比较[J].世界建筑，2006(3)：17~20
[8]周燕珉，王川.韩国中小套型住宅设计借鉴[J].居住建筑，117~119
[9]苏志刚.复合式厨房设计概念的应用研究[J].建筑学报，2003(3)：40~41

作者单位：重庆大学建筑城规学院

与大海共舞的精灵
——威海市金线顶地段整体改造项目城市设计中的环境保全型设计手法
Dancing with Ocean
Environment Oriented Design Methods in An Urban Design Project in Weihai City

叶晓健 Ye Xiaojian

[摘要] 本文以威海市金线顶地段整体改造项目城市设计为例，较详尽地分析了其注重城市现有肌理，结合固有城市环境、气候、人文历史等诸多方面的客观因素，在保护环境的同时，积极采用节能技术的高效益环境保全型设计规划手法。

[关键词] 金线顶地段、改造、城市设计、环境保全型

Abstract: *Taking the urban design work in Jin Xian Ding area of Weihai City as an example, by thorough analyses of existing context, combining of environmental, climatic, cultural and historical elements, the article introduces a new energy-saving environmental oriented design method.*

Keywords: *Jin Xian Ding Area, redevelopment, urban design, environmental oriented*

近年来，在建筑设计和城市设计中频繁出现的专用名词之一非可持续性发展莫属。这似乎成为了一种社会现象，而如何在设计中体现可持续性发展，理应得到同样的重视。这不是单纯的手法研究，而是结合社会发展、周边环境的一种综合设计行为。

可持续性发展的提法最早出现于1992年6月在巴西里约热内卢召开的"联合国环境与发展大会"上。广义的"可持续发展"关注的方面有：生态可持续性、社会可持续性、文化可持续性。本文希望通过分析在具体规划设计项目中采用的一系列设计理念和针对实际问题的解决办法，总结出笔者多次付诸实践并且取得一定成果的环境保全型设计手法。

环境保全型手法是以一定的技术手段，保护城市固有文化、环境、风貌，推动可持续性、高效益的再开发设计。其力图达到的成果之一，就是社区（城市）的可持续性发展。所以，首先需要在尊重现状的基础上，保护或者再生环境，进而进行适度开发，同时尽可能地争取效益合理。环境保全的字面含义可以解释为节约环境，即Environmental saving，国内也有这样的直接翻译方法，但是它应该理解为以环境为中心进行一体化城市设计，从而达到可持续发展。它同时遵循可持续发展的"九项原则"，即：1.建立一个可持续性社会；2.尊重和保护生活社区；3.改善人类生活质量；4.保护地球的生命力和多样性；5.维持在地球的承载能力之内；6.改变个人的态度和生活习惯；7.使公民团体能够关心自己的环境；8.建立协

1. 威海沿海风景线，左侧远处为刘公岛，近景是金线顶区域
2. 开发区域卫星图片
3. 金线顶地区改造鸟瞰图

调发展与保护的国家网络；9.创建全球性联盟。本文中作为探讨对象的威海市金线顶改造项目就是建立在上述规划理念的基础上进行的尝试。

一、威海印象

威海给我的第一印象不同于其他的海滨城市或临海区域，比如大连、深圳或者海南。它有连绵的海岸线，精致而不豪华，小品、绿化恰当合体；它面对无垠的大海，刘公岛点缀其中，上面遍布森林公园和历史遗迹，像一块磁石吸引着城市的重心；它有连绵的山峰，却不高耸挺拔，围合并衬托着城市的主线(图1)。

我第一次来到威海是为了金线顶整体改造项目。据说其得名于一排从海岸一直延伸到山顶的石头，太阳一照就反射出金色，故名金线顶。其实它不过是一座40余米高的小丘，整个金线顶地区则是一片等待改造的码头区域(图2)。

沿着威海沿海走了一圈，我的目光久久停留在隔海相望的刘公岛。人们感慨威海市是环渤海经济圈中山东半岛最东端的明珠，赞誉它是国际性观光度假胜地，这些都是事实。但是我认为，它的魅力更在于延绵的海岸线和大海里的明珠刘公岛。希望金线顶改造项目的成功，能为这颗明珠增添可持续性的光泽(图3)。

二、金线顶的使命

金线顶地区现存的造船厂、渔港等都对近海环境造成了一定的污染，这次开发的现存53hm²土地将通过填海达到100hm²规模的新型复合型城市中心。本项目的开发定位在于形成威海景观生态的区域中心，推动城市发展。围绕金线顶自然资源，重新深度挖掘环境价值，保护环境，最大限度地尊重现状，减少空前的开发压力。借助科学手段合理规划，体现生态节能的巧妙构思，创造与海洋亲密接触的空间，将威海特色推向新的高度和深度。

作为改造项目，除了建立新的城市中心形象之外，处理好和原有城市的关系，将新旧肌理有机地连接起来同样具有不可忽视的意义。

金线顶填海范围是威海市市政府、规划局进行了长期论证的，要顾及到填海用地发展关系，和刘公岛之间的视线空间距离，及其造成的对于内海潜在的影响。这项复杂的城市设计实际上是建立在当地政府和规划局长期的可行性研究工作基础上的，因此原计划从金线顶到刘公岛之间

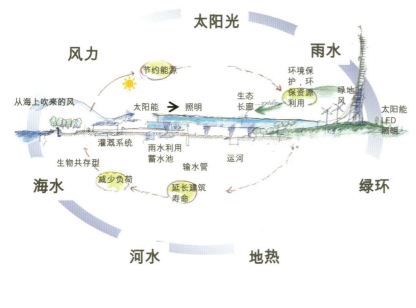

4.构思草图
5.金线顶规划手绘草图，红色为现状海岸线
6a.轴线分析图
6b.不同功能分区和重要节点

建设中的跨海大桥，就被叫停了。金线顶规划设计的原则是保护性发展，这符合可持续性发展的大前提。

项目面临的各种挑战，还包括如何全方位地体现环境保全型的设计理念。从笔者最初的构思草图可以看出，作为自给自足城市发展的初期模型，将山风和海风融合，提取其中可以利用的节能要素，与建筑、规划设计要点结合起来，便形成了最初景观长廊的构思。它从金线顶出发，面向刘公岛，靠山面海，指向未来(图4)。人们来到这片新开发的区域，除了投资，更多地是体验各种层面的自然带来的重建环境。这条生态走廊，除了作为象征意义的轴线之外，同时还凝聚了风力发电、太阳能发电等技术，采用回收材料等，是一条节能生态的教育长廊。所以，在金线顶规划中，不同区域、不同建筑、不同层面，都会融入既统一协调，又注重细节的设计。

结合上面的分析，我们将其定位为威海发展的核心区域，并明确了需要解决的规划问题：

1.形成具有代表性的威海城市景观形象；
2.保护环境，尊重现状，进行再生、创造和维持、发展；

3．战略性、立体化地实现各种生态、节能措施；

4．依托现有交通路网，组织好对外及区域内的交通，优化人车交通结构；

5．合理进行功能配置，最大限度地提高土地价值，体现填海特色；

6．初期投资合理化，控制运营成本，使本开发项目具备高度的可操作性。

本项目以"填海造地，自然再生"为目标，起到改善和提高威海自然生态环境质量的作用。这明确了规划设计要采取标志性、环境保全、可操作性、高收益型的综合模式(图5)。

金线顶未来的蓝图一定不是强调几何线条，不是突出雕塑性的城市地标，而是与自然融合一体的画卷，是自由展开的有机生命体。

三、生态绿色轴线－从历史而来，面向未来

在金线顶规划中，各个区域的布局是相对自由的，但是作为一个城市整体，又要遵循一定的规则。所以，借助3条不同轴线——自然景观轴、城市轴和绿色走廊洄游轴，统一散布在自然之中的不同分区(图6a)。

区域开发围绕3条轴线展开，追求绿色自然和蓝色海水的巧妙融合，林荫和运河相互渗透，保留的土地与填海的空间借助城市轴线从原渔港路展开，面对海韵广场，将区域的金线顶山和运河区分开，又通过水面连接。3条轴线也是规划中不可缺少的骨架，是对新旧区域结合的注释，也是对功能布局、区域深度开发的指导性框架(图6b)。

首先，提炼现存区域中的标志性空间，其源于自身地域的空间、历史与环境文化。金线顶、旗杆咀、金南咀为具有历史情结的景观中心，在此进行地标性建筑设施和景观规划，刻画区域内核心建筑的标志性和独特性，强调建筑群的群体空间形态和关系。开放空间、广场的亲和力和建筑彼此相互依托的魅力，形成了具有独特情结的新威海娱乐休闲商业中心，成为具有标志性的核心区开发模式。

其次，作为环境的主题，充分保留现有的海岸线及等高线，恢复原生景观，把再生培育因填海造地而消失的自然环境作为一个长期目标。依托地形设置景观建筑，面向大海形成不同特色的海滨公园、自然湿地等，刻画多层次的自然环境(图8)。金线顶新区地面由北到南景色各异，建筑高度逐渐升高：从42m的金线顶山，到南侧沿海展开的多层观海住宅，再到高达150m的高层酒店式公寓，形成了低、中、高布局，同时与开发容积率吻合。

城市轴线依托现存的渔港路，从高架道路一路向东，伸向大海，与周边城市中心区的形象吻合(图9)。开敞的动力港是这条轴线动态的端点，通过海水的变换和城市的发展结合，也成为了一条发展轴线。

7.从东侧看金线顶地区
8.恢复的自然湿地草图
9.城市轴线

南北绿色长廊完善了原来分断开的绿色洄游轴线，与现状合而为一，连续沿南北海岸线连绵的亲水轴线(图10)。

规划布局的魅力在于各个区域围绕着核心建筑，相对自由地展开。而在相互之间，通过不同特色的轴线体现空间序列的特色及城市的形象。

从开发机能上，从北到南，结合自然、娱乐、商业、居住的区域功能，提高附加价值。从公共区域的开放性到居住区的私密性，依托运河和原有海岸线，塑造新的城市空间形象。新规划的填海区域的海岸线以及运河的走势和形状都依托原有堤岸，减少其对地形的影响。完整的功能分区有利于分期开发及区域定位，同时可以结合不同主题进行特色设计和规划。

整个用地分为5个区域：

1. 功能区——海警和国际客运码头。

2. 海洋观光休闲区——各种设施和自然景观、填海的新生景观巧妙融合的区域。既保持原有利用价值极高的港口和海岸线，又重视海水流动，控制填海范围。结合海滨公园，突出多姿景观特色。区域内设置了客运码头和市内乃至国内最高水准的水族馆，将成为特色的标志性区域(图11)。

3. 金线顶山地区——结合金线顶原有山体，改造原有山上的部分建筑，恢复自然景观。包括企业培训、生态温室等设施点缀在山中，使得这条走廊成为一条体验环保节能技术的教育长廊(图12)。

4. 商业文化区——城市轴线依托高架道路，面对海韵广场(图14)，将城市发展与大海连接在一起，极具动感和魄力。借助两条空中走廊沟通不同设施，依托运河形成独特的水边娱乐建筑群。这里也是区域中集聚人流的核心区域。

5. 生态居住区——位于区域南侧，包括超高层、高层、多层、别墅等不同的建筑形态和居住组团。所有住户都突出了与水空间和绿化空间的结合。考虑到威海冬季的主导风向为西北风，将整个住宅区域布置在南侧，并且大胆地将超高层亦推向此，改善局部的居住环境(图13)。在其中设立低层别墅区也是非常大胆的提案，从而将边缘价值最大化。而利用人造运河（结合填海形成新的水网）为各户提供船位（相当于车位），则将有效地推动空间立体化。当然在南侧海面必须设立相应的防波堤，减少海浪、海风的影响(图15)。

5个不同区域体现了城市中的不同价值以及相对的魅力，区域彼此侧重点各不相同却又彼此依托，达到均衡发展、各具特色。

四、从宏观区域考虑区域交通发展

从交通层面，避免目前国内由于集中开发造成的对现状交通体系的破坏，影响城市整体发展。在规划中，充分利用原有路网完善高架道路和主要道路，建立合理健全的交通体系至关重要。设计结合现有的绿地，完善沿海岸线而形成的环线道路和步行洄游路(图16~17)。

威海作为地区城市，与其他主要城市的畅通连接将作为核心区规划的主要目标。至烟台的高速公路将直接与其联通，作为进出核心区的快速出入口。

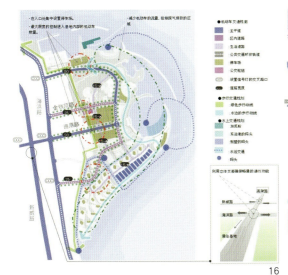
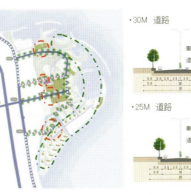
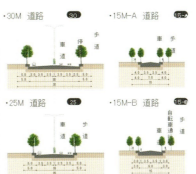

机动车交通规划

· 关于基地内的交通组织，本案将设置道路较宽（30m·25m）的两层环线，串状连接各个区域和设施。

· 各道路的剖面结构如左图所示

· 为了减少机动车的流量，实现人车分离，本案将在基地西侧的入口处确保停车场，促进徒步或换乘公共交通等其他交通手段的使用。

· 通过这些手段，减低临海空间的机动车噪音和废气排放量等，提高区域内居住环境的质量。

步行者交通规划

· 从环境方面考虑基地内将形成步行者优先空间。

· 本案的主要步行者动线是连接南北海滨公园的「绿色步行动线」和，邻接大海，可领略各个空间形态的「水边的步行动线」。

· 基地内在确保对应各种功能所需的步行者动线的同时，要加强上述2个步行者动线的连接。

· 下图为「水边步行动线」的简单的剖面示意图。

水上交通

· 临海的基地周边，可以发展各种级别的水运交通。

· 特别是在基地内，利用通往刘公岛的游览船，连接水族馆和酒店等主要设施的水上交通形成水上交通网络，提高城市的魅力。

· 在个别别墅整备可停泊私人船只的环境，营造出别具特色的景观的同时提高住宅区整体的附加价值。

10.沿海滨展开的沙滩
11.国际水运中心
12.临海的生态绿化区夜景，这里也是区域整体容积率最低的地区
13.高层住宅
14.海韵广场
15.水边别墅
16.17.交通分析图

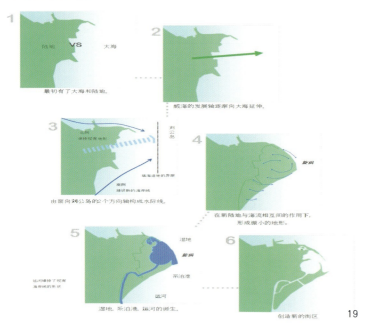

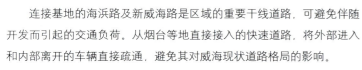

18. 生态走廊连接了山色和水色
19. 循序渐进的开发建设规划
20. 注重整体形象的金线顶城市再开发设计

连接基地的海滨路及新威海路是区域的重要干线道路，可避免伴随开发而引起的交通负荷。从烟台等地直接接入的快速道路，将外部进入和内部离开的车辆直接疏通，避免其对威海现状道路格局的影响。

渔港路设定为主要通道，并作为向大海延伸的城市轴进行整备。

依托威海港和区域内的国际客船码头，积极利用水上航路。

除开往刘公岛的游览船以外，灵活运用区域特征的水运交通网络并规划私人游艇、体育休闲等船舶。

建立综合交通枢纽，实现从机动车、公共交通等陆地交通到水上交通的转换。

作为相对高密度的核心区开发，进出区域的机动车规划直接影响到内部设施之间的互动关系。特别需要错开商务区和居住区之间，以及外部和内部的高峰车流。

区别于机动车，在区域内部形成步行者优先的立体交通网络，连接南北海滨公园的"绿色洄游道"，是内侧的步行绿色走廊；邻接大海，领略各个空间形态的"滨海洄游道"，则是外侧的观海走廊。这两条走廊贯通南北，与机动车流线分离。

同时设置水上交通系统，结合现状设立国际客运码头，同时发展不同级别的水运交通。开发通往刘公岛的游览船，连接水族馆和酒店等主要设施的水上交通形成水上交通系统，提高城市便捷性。在别墅区整备环境可停泊私人船只，营造出别具特色的景观，同时提高住宅区整体附加价值。

总的来说，金线顶地区的交通综合规划依托原有交通体系，相对独立，强化水上交通，特别是运河交通，实现自我特色。

五、环境保全型的生态城市

创造环境保全型城市——Eco City是金线顶规划的目标，从结合现状进行城市发展的角度，它强调保护城市现有文化、肌理，进行合理有限度的开发(图18)。

1. 从开发角度，建立合理、循序渐进的开拓方式。刘公岛是国家级的自然公园，除了上述军事设施和当年英国人留下来的部分建筑，甲午战争博物馆是岛上唯一的公共设施。实际上，威海市政府已经叫停了连接陆地和刘公岛的跨海大桥的计划，这不仅保护了海水回流的自然发展，也避免了刘公岛的过度开发。保护刘公岛实际上是保留了威海市最重要的景观区域。作为刘公岛周边最大规模的整体开发，规划提出的可实施性方针，包括循序渐进地新建16hm²绿地和9hm²的海滩(图19)。

2. 从技术层面，金线顶改造项目同样是一个绿色生态规划。从区域能源中心·中水利用污水处理设施，到风力·太阳能发电、海水利用等生态节能措施，以及在建筑中积极采用百叶、双层玻璃幕墙、屋面绿化、生态自然通风等设计手法均体现了绿色建筑社区理念(图20)。

在使用量较大的文化商业区、公寓酒店区等近邻运河场所，导入污水处理设施，紧密集中给水、排水处理、发电、热供给、废弃物处理（生物质能）等复合功能，积极利用可再生能源，建筑设施要最大限度地利用风力发电、太阳能发电和太阳热能利用等，实现节能效率高、CO_2排放量低的开发（图21）。

海滩上种植可净化水质的植物，并设置保护环境的教育设施。运河的护岸为生物护岸，具有净化功能。处理水流入运河，可对运河海水的循环、净化作出贡献。包括防波堤的背侧都可以植入微生物，消化海水中的有机物质。

在办公区和居住区建设区域能源中心。有效利用南北区域建筑使用特点，通过区域能源中心改善区域内部能源分布和利用，统筹调配，减少资源浪费。同时设置能源循环系统，将用地面积较大的建筑物的屋顶进行绿化，并采用太阳能发电，为区域提供电力。风力发电及波浪发电在为区域提供电力的同时，也可以使来访者体验到最先进的环境技术。

威海是四季分明的城市，特别到了冬季，北风对于城市影响非常大。积极采取防风措施，种植对应东北风、东南风的防风林；将酒店式公寓组团的高层部北移，控制刮向地表面的风，形成连接威海公园、金线顶和幸福公园的绿色连廊。

对应填海地区，采取防波措施。在不影响自然生成的海流和海上景观的前提下，设置防波浪堤坝、可动式防波堤等，有效保护内陆部；为保持生态公园和系泊港平稳的内水面，建造沙滩状堤坝重叠的地形；在运河设水闸门，循环海水，调节水位。

不同的区域都在体现海洋特色的规划。在北侧设立生态公园——建设海滩，为因填海造地开发濒临危机的生物提供栖息地，海滩的动植物将净化处理水和海水；在南侧设立人造运河——穿梭在居住生活区中与海滨相互接触，形成自然风走廊，可在内陆感受到海风；在东侧建设动力港——营造可象征基地的富有特色的内水面，可进行水上运动等的多样的亲水空间，将城市轴引入港口，从地标性道路感受到大海的气息。

金线顶地区整体改造是威海市沿海开发中最重要的一步。除了设计者的创意之外，作为开发主导者的政府等行政部门具有至关重要的作用。在规划汇报会议上，市政府首先提出金线顶建设开发不是破坏自然环境，而是尊重原生文化和现状，尽可能减少对于现有建筑的影响。这一点在很大程度上促进了环境保全型城市设计的形成。

在规划方案上，设计方增加了通过填海造地，促进原有自然的再生，使自然环境得到恢复与再生的主题，适度降低开发强度和容积率，这些也需要得到政府的支持才能付诸实践。通过多次和当地政府的沟通交流，彼此理解，极大地促进了设计工作的进展，将无秩序破坏，改变成分阶段的恢复。

未来的金线顶地区将是一座全新的生态城市，也是可以感受海洋、亲近海洋，并与之共生的城市。这是一个结合实际，注重可实施性的提案，是重视交通体系、重视环境、重视现状的综合提案，将推动威海转变为可持续性发展的环境共生型城市。

在2008年迪拜城市尺度展览上，"日本设计"将金线顶项目作为公司体现可持续性建筑设计理念的代表性项目——Eco City进行了进一步的深化，受到了广泛的关注（图22）。在展览期间，意大利文化代表处的代表就Eco City的意义询问笔者，这正好涉及到本文题目环境保全型设计手法的内在含义：注重保持与现存城市的和谐，充分利用现状，采用可循环利用的材料，积极引入节能技术，依托自然资源作为城市资源的整体化设计方法，将尽可能地促进城市在节能、绿色的前提下全面发展，达到可持续性发展的目的。金线顶的规划建设刚刚开始，通过进一步的深化设计，该代表着未来城市发展模式的建设将一步步地发展，并且取得成功。

21. 节能技术分析图
22. 可持续发展生态城市模型——金线顶概念（藤田博绘制）

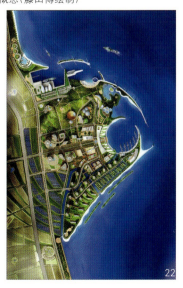

作者单位：株式会社日本设计

论建设高品质大众住宅的规划策略
On Planning Strategies of High Quality Mass Housing

薛 峰 张 伟 *Xue Feng and Zhang Wei*

[摘要]本文将大众住宅规划布局类型进行分类论述，并对住区公共空间体系和无障碍体系进行了详细的规划要点总结。提出大众住宅的研究应从生活细节和建造细节入手，从细节设计及管理流程入手，使大众住宅建设由"粗放型"向环境友好型和资源节约型的高品质型转变。

[关键词]大众住宅、高品质、策略

Abstract: *By analyzing the mass housing planning layout and generalizing the public spaces and barrier-free design principles, the article argues that mass housing planning shall start with details and focus on management process, thus to ensure the production of environmental-friendly and energy-saving high quality mass housing.*

Keywords: *mass housing, high quality, strategy*

一、我国大众住宅建设现状和面临的问题

我国住宅建设自改革开放以来，经过持续十多年的高速发展，成功地解决了城市住宅的基本紧缺问题，住宅建设取得了显著成绩和长足的进步。但总体来看，特别是大众住宅的建设仍处于"粗放型"发展阶段。现阶段在中国社会结构转型、城市化流程加速和国家经济建设可持续发展等宏观背景下，我们更应深入思考如何满足普通消费阶层的居住需求，如何建设高品质"自用型"低成本住宅，使大众住宅建设由"粗放型"向环境友好型和资源节约型的高品质型转变。

大众住宅(特别是二、三线城市住宅)作为普通消费阶层的"自用型"住宅，在建设过程中应对以下几方面进行深入的课题研究。①满足中等收入者居住生活需求、建造低成本高品质住宅；②协调好建设标准与住宅使用寿命的关系；③满足老人、残疾人通用性居住需求；④注重节能、节地技术的应用，协调好城市资源的节约与共享。

高标准并不代表高品质，低成本亦不代表生活质量的降低。我们通过以下三个方面的研究试图确立切实可行的符合大众住宅要求的技术策略：①通过对大量优秀项目的实态调查，总结规划手法和设计要点，在不增加或少增加成本的情况下，运用规划设计手法，提高住区建设品质；②注重住宅通用性、多样性和灵活性需求，延长住宅的使用周期；③注重细节设计及管理流程，保证居住品质，提高生活质量。

总之，低成本大众住宅的研究是从生活细节和建造细节入手，从细节设计及管理流程入手，从住宅的经济耐久性入手，从以人为本的规划手法入手，将为普通老百姓建好房子的核心目标落到实处。

1. 深圳万科城，城市边缘规模住区（摄影：作者）
2. 深圳招商兰溪谷，城市新区型住区（摄影：作者）
3. 青岛水清沟村旧村改造，开放街区型住区

二、住区规划策略

1. 规划布局类型：现阶段我国住区的规划布局形式一般为以下四类：①城市边缘规模住区，②城市新区型住区，③开放街区型住区，④城市综合体住区。

（1）城市边缘规模住区

该类住区周边自然条件优越，周边城市建设及配套服务设施尚未形成规模，距离城区中心区域较远，但道路交通联系便捷。该类住区容积率不宜大于1.5，建设用地面积一般不小于30hm²（图1）。

该类住区目前基本采用封闭"大院"式规划布局及管理方法，但该类规划布局使城市结构被住区形态割裂，制约城市交通的可达性和公共资源的共享互补性。为解决以上问题，该类住区建设应采用以下规划布局方式：①应以邻里单元（组团）为封闭管理的基本单位（每个邻里单元或组团占地规模不宜大于10hm²），开放住区主交通道路，并应通行公交车设置公交站点；②应将住区配套服务设施相对集中沿城市干道布置，并对城市开放，使公共服务设施的资源共享和互动；③将该区域公共环境空间开放，满足城市景观要求。

（2）城市新区型住区

该类住区位于规划建设中的城市新区，距离城区中心区域，道路交通便捷，统一规划建设配套服务设施。该类住区容积率宜控制在2.0～2.5，建设用地面积一般为20～25hm²（图2）。

该类住区建设宜采用以下规划布局：①住区配套服务设施相对集中，形成独立区域对城市开放，使城市公共服务设施资源共享和互动，适应生活功能外部化的需求；②限制性（车辆登记管理）地开放部分住区主交通道路（但应避免城市交通穿行）；③应以邻里单元（组团）为封闭管理的基本单位，每个邻里单元（组团）占地规模不宜大于7hm²。

（3）开放街区型住区

开放街区型住区具有以下优点：①适用于高开发强度情况下（容积率3.0以上），户型结构为中小户型，人口居住密度大的住区；②使城市结构、交通结构、住区结构及开发结构相互协调；③城市经济需要更多的开放街道，居民需要更多的社会服务和商业服务；④城市居民需要多功能的住区，住区生活需要与城市生活相融合（图3）。

开放街区型住区规划应具有以下要点：①该类住区容积率不宜低于3.0。对城市开放街区和部分公共景观环境，以解决高容积率、高人口密度情况下，生活组织、交通组织和服务组织的有效合理，避免住区与城市的割裂。②道路网密集，间隔尺度减小，其中主街间隔不宜大于360m，次街间隔不宜大于180m，充分保证交通的可达性。③划小"邻里单元",每个邻里单元(组团)建设用地规模不宜大于3.5hm²,形成封闭独立的管理单位,适合城市不同消费人群的混合居住。④公共设施作为城市功能的配套,街区功能混合,既满足各邻里单位(组团)生活配套需求又与城市共享,保证街区的"活力和生命力"。⑤街道已不再是单纯的交通空间,而是人车混行、充满生活气息的交往空间。⑥解决好车行交通与人行交通的关系、通行流量与通行尺度的关系,保证行人、骑车人的通行尺度及交往停留的空间尺度。⑦创造适宜的街道宽高比尺度。

开放街区型住宅建筑设计应注意以下几方面:①建筑外转角处的设计;②内院围合与开放程度;③内院南北尺度(D)与建筑高度(H)之间的比例宜为D/H=1.5~2.5;④注重围合院落步行出入口处的建筑细节设计。

(4)城市综合体住区

该类住区位于城市中心区域,周边城市建设及配套服务设施已形成规模,道路交通便捷,容积率不宜小于4。该类住区将办公、居住、商业等功能综合设置于街区之内,形成城市综合体,其主要规划特点为:①在开发强度较高的情况下,满足城市配套服务功能的互补与综合利用,避免重复建设和资源的浪费;②多种相互关联的物业类型融于一体,有利于居民的就近就业,提高生活质量;③以居住楼栋或居住单元门厅为封闭管理的基本单位,住区交通及环境体系全部对城市开放,街区各物业类型按使用功能进行明确分区(图4)。

(5)居住人群的多元与复合

通过住宅类型的多样化、邻里单元(组团或院落)和楼栋物业管理方式(或封闭管理)的多样化,使不同消费阶层和年龄段的居住者共同居住生活在同一住区之中,共同使用对城市开放的配套服务设施,实现和谐的多元混合居住。其主要特点为:①通过政府多种购房支持渠道及户型的多样化设置,实现同一住区满足不同消费阶层的购房需求;②户型的组合性和灵活性充分考虑家庭养老(两代居)的生活特征及需求。

2.住区公共空间规划

住区不是把个体住宅简单集合在一起,而是把居住者集中起来,创造更多能够相互接触的公共活动和交往的场所。住区公共空间应分层级设置,以满足居住生活的各种活动需求。住区公共空间层级应分为:①公共环境空间,②公共活动交往场所,③住区道路交往场所,④楼栋公共空间。

(1)公共环境空间

公共环境交往空间由以下环境体系构成:街(社)区环境、住区中心环境、邻里单元(组团)环境、近邻环境。

街(社)区环境:能够为居住在某一地区的居民提供休闲、健身服务的公园,其服务范围在1km之内,其建设规模参见《居住区规划设计规范》中居住区级公园配置。

住区中心环境:住区中心环境为住区居民提供共同的环境休闲场所、健身场所和交往场所,该环境空间应做到方便可达,其服务范围在500m之内。

邻里单元(组团)环境:邻里单元(组团)作为封闭管理的居住单位,其环境空间为居住者提供近便,安静的共用活动场所,主要通过植物配置、步行路径、亭榭小品及健身休闲场地等创造出宜静、独立的交往环境。其位置的设定应与步行系统相连接,做到可视、可达、可共享,以便于居住者的方便使用。其设施的设置应满足不同年龄段人群的使用要求,并宜设置遮阳避雨设施以满足老人和儿童的全天候使用。邻里单元(组团)环境配置的集中儿童游戏场地(包括:设置沙坑、亲水池和儿童游乐器械)服务半径不宜大于200m,距离底层住户主要居室之间的直视距离不宜小于12m,其占地面积不宜小于0.1m²/户,且不宜小于100m²(图5)。

近邻环境:包括楼前步道(底层架空),楼前共享环境。

楼前步道(底层架空):楼前步道环境主要通过步道铺地、台阶铺砌、花池叠景、植物造型、部品设施及座椅栏杆等创造出近邻交往空间的领域感和亲切的环境氛围。底层架空环境布置休闲座椅、儿童游戏、健身设施及绿篱植物等。该空间除满足邻里交往功能外,还是地下车库采光通气开口的适宜位置(图6)。

楼前共享环境:主要通过植物的栽植、小品、休憩场所创造近邻共享可达的环境空间。

4.北京华贸中心,城市综合体住区(摄影:作者)
5.沈阳万科城,组团环境配置的儿童游戏场地(摄影:作者)
6.深圳招商兰溪谷,在底层架空层开设地下车库采光口(摄影:作者)

7.沈阳金地国际花园，在目的性步行道路旁设置休憩场所(摄影：作者)
8.北京华彩国际，单元门厅设置供居民临时等候的座椅(摄影：作者)
9.沈阳万科新里程，住区主入口的无障碍坡道(摄影：作者)
10.沈阳万科城，人行道的无障碍设计(摄影：作者)

(2)公共活动交往场所

公共活动交往场所是为居民提供有偿或无偿生活服务的场所，主要是为健身、集会、游戏、购物、诊疗、文体等提供的场所。如会所、泳池、健身场地、居民广场、住区入口、商业服务场所、诊所药店等。

其规划设计应注意以下几个方面：①住区公共活动场所对城市的开放性和互补性，保证有序组织和经营的可持续性；②保证功能的同时，注重生活的充实性以及为居民交往创造条件。

(3)住区道路交往场所

住区步行道路作为居民生活必行道路，除满足交通功能外，也是居民交往的场所。在其通往住区出入口、购物店铺、文体活动设施等场所的人行道路旁，宜结合环境绿化设置可供居民停留休憩的场所（或座椅等），其配置间隔不宜大于50m(图7)。

(4)楼栋公共空间

楼栋公共空间由单元门厅、电梯厅、走道构成，该空间应避免出现过多的地坪变化（特别是一步台阶现象），应充分考虑残疾人、老人、儿童的通用设计要求，创造出高品质的生活氛围，并应考虑临时等候的座椅、站立闲聊、儿童玩耍的空间(图8)。

3.住区无障碍的连续性

(1)户外空间的无障碍

住区无障碍体系应保持其连续性，应从住区整体规划的角度出发，进行系统化无障碍设计。住区无障碍体系的连续性包括：出入口的连续性、步行景观场所的连续性、停车场所的连续性。①出入口的连续性为：城市无障碍人行道系统——住区主要出入口——邻里单元(组团)出入口——主要生活配套场所(商业、会所等)出入口——楼栋单元出入口——户门出入口(图9)；②步行景观场所的连续性为：楼栋单元出入口——住区无障碍人行道系统（或人车混行系统，图10）——主要景观步行道路及景观环境观赏场所——健身、活动、休闲和集会场所；③停车场所的连续性为：停车场所——楼栋单元出入口（单元电梯厅）——户门出入口。通过对以上空间和场所进行系统化无障碍设计，才能够保证残疾人、老年人生活的方便性和充实性，使住区无障碍的连续性得以保证。

应特别注意以下场所或部位的无障碍连续性问题：由地下停车场通往单元电梯厅之间的通道出现高差处（或人防防护门门坎）、健身和集会场所出现高差处。

(2)户内空间的无障碍

为保证残疾人、老年人、儿童室内各种行为活动的安全性和方便性，除满足《残疾人无障碍设计规范》要求外，应符合如下设计要点：①室内地面应避免高差；②在出现不稳定动作和姿势的地方设置扶手；③确保摆放家具后轮椅的放置和通行尺度；④墙、地面防滑、抗冲击、耐久、易清洁材料的选择。⑤卫生间和主卧室设置紧急呼叫设备；⑥公共楼梯、走廊、入户门厅和户内走廊等室内交通空间宜设置脚步照明；⑦阳台与室内空间之间不应设置高差（门窗框体应采用嵌入式），且应保证阳台的进深尺度，满足残疾人、老年人利用阳台进行户外活动和作为紧急情况的避难出口。

三、结语

总之，为普通老百姓建设高品质大众住宅并不是高成本、高技术的投入，而是真正从居住者的居住生活需求出发，从每个生活细节出发，从建设者的管理细节出发，以人为本，将对每一个居住者的生活关怀贯彻到住区开发管理与设计实施手段之中，构建资源节约型、科技创新型、环境友好型、产品安全型的大众住宅建造体系，真正实现为老百姓建好房子。

作者单位：中国建筑北京设计研究院

住区外部空间环境设计浅析
On Outdoor Space and Environment Design in Housing District

邓曙阳 李晓智 *Deng Shuyang and Li Xiaozhi*

[摘要]随着我国建设发展，住区设计的竞争逐步由单纯的住宅户型向外部空间环境设计转移。本文以我国现有住区发展模式为背景，通过对住区设计影响因素的分析及设计方法的讨论，举例阐述通过环境细节设计提高住区外部空间品质及实现住区外部空间的有效性。

[关键词]高品质生活、住区外部空间、环境细节设计 外部空间有效性

Abstract: With the development of real estate market, the competition of design expands from apartment layout to the outdoor space design of housing districts. The article analyzes the factors influencing the housing district design and discusses design methods at p[resent. It argues that detailed environment design is an effective tool in improving the outdoor space quality and effectiveness.

Keywords: high quality living, outdoor space design, detailed environment design, effectiveness of outdoor space

一、我国住区发展背景

在我国近20年的建设发展中，住宅的建设量已占全国建设总量的80%，住区的发展在前10年的阶段中已实现了满足人们的基本生活需求，而在后10年中，其发展也逐渐由普通市场向中高端市场进军，也就是说当今住区设计的出发点更多的是追求高品质的居住生活。

20年来，我国各大城市先后经历了房地产热潮，而国家也针对各城市特点出台政策，针对每个重点区域进行相应的城市控制性规划及城市设计，尤其在大城市中心区对原有旧街道和旧的建筑空间形态进行的加建改造，及城市外延区域新型住区的出现，都为住区产业的发展作了铺垫，也就是说住区正经历着加速更新发展的阶段。

按照住区建设情况及修建开发过程，住区更新模式大致可分为三类：

1.位于城市核心区住区：我国各城市核心区域大多已经逐渐规模化，原城市居民高密度地集中在核心区周边的街道和院落型区域中，这类住区占有得天独厚的区位优势，并且其空间形态丰富。但随着居民自建行为的增加，这样的住区或多或少存在着超高人口密度、交通拥堵、安全隐患等诸多问题，从另一方面来讲住区的大空间形态也因其自建行为逐渐遭到破坏。

重庆作为山地城市，早期存在许多位于上下半城的自建山地民居，但这些住区中大部分基础设施落后。而作为整体特色相对完整的十八梯地段则通过对原有建筑的加

1. 重庆十八梯
2. 重庆彩云湖

固,保留修缮了旧城区的街巷空间,并采用旧式材料和新的技术手段进行维护。这些原有空间形态延续了传统民间活动,体现了重庆山地街巷文化。十八梯旧城区维护性修建立足于保护传统空间形态,其保护通过增加具有山地特色小品,强化居民对老街的记忆,提升了老城街区的使用率,有效地延续了其住区的寿命。

2. 主城边沿住区:主城边沿住区并非一个固定的范围,其随着城市的建设也不断向外迁移扩展。其人口密度低,经济不太发达,交通受到各方面因素的限制等,对于这样的区域,住区的外部空间显得相对萧条,空间环境也缺乏靓点,但随着城市的扩张,主城核心边沿住区也逐步推移,原地段发展后其住区的品质也渐渐得到改善。

3. 城市新区住区:城市扩张所带来的新型住区建设是当今住区市场发展中最强势的部分,如同卫星城市的建设规划一样,新区与旧主区之间首先建立快速交通,通过重点打造部分特色商业和景观提升土地价值,再以地广价廉的有利政策吸引开发商。

重庆巴国城片区采用了这样的方式,首先打造了巴国城城市生态公园吸引有实力的开发商在周边投资。为该地区的二次良性发展,于外围再次打造蓄水量达168万m³的彩云湖水库,并且在其湿地上共种植了20多个品种的水生植物,形成配套的300多亩彩云湖湿地公园,以彩云湖为核心湖景景观圈二次带动周边商业活力。同时周边楼盘以湖景为卖点,成功使该区域在经济和区域环境上进入二次良性循环体系。这种开发模式也并非我国独创,美国纽约曼哈顿区东的联合国大楼,就是由纽约房地产家William Zeckendorf赠送的用地,William Zeckendorf早期以低价买下该片区,赠予联合国大楼项目用地,实则通过联合国的潜在力量带动区域周边经济,随后建立附属商业,形成了该地段土地价值的攀升,之后新型住区也随之建立并扩张。

在上述三种住区发展模式中,城市新区住区对当今居住发展的影响最大。在各个发展阶段中,无论从大范围上的区域位置、生态条件,或者相对小范围的街道空间形态,其住区的外部空间环境都在一定程度上反映了该住区活力,同时通过环境设计而实现高品质的生活,目的则是为居民提供一个舒适、快捷、高效的住区公共空间。住区环境设计是住区未来发展的一个重要转折点,受到城市人口膨胀及日益增加的居民物质需求和经济推动作用,设计师将面临更高的设计标准。

二、住区外部空间设计影响因素

如前所述,创造高品质的外部空间环境首先需通过对居民的生活习性调研进行有针对性的策划与设计,同时依据调研后的分析设计来回应其策划方案和该住区市场定

	案例1		案例2	
楼盘名称	双子星座		北城阳光今典二期——布丁HOUSE	
地点	南岸区西路沃尔玛直行600m		新牌坊新溉路向龙头寺方向200m	
用地面积	2.99万m²		1.3万m²	
建筑层数	31F		42F	
容积率	4.03		4.75	
绿化率	41%		35%	

1 策划对比分析

	策划定位	策划对比
双子星座	以江景小户型及超高层为卖点	两住区都以小户型为卖点，分别为有利自然条件打造休闲青年社区和有利区域交通建立便捷型青年住区
布丁HOUSE	以小户型及快捷型住区为卖点	

2 区位比较分析

	区位图	区位描述
双子星座		区位优势：位于鹅公岩大桥桥头，彼临长江沿线，可观江景；三站车程达南坪中心区，一站车程达大型综合超市 区位劣势：临近的周边配套不完善，并且步行15分钟才可达公交车站
布丁HOUSE		区位优势：位于渝北新区新牌坊立交交通枢纽周边，交通便利；周边新建住区多，公共配套商业等已起步，周边学校、幼儿园开始投入运营 区位劣势：周边配套暂不成熟，并且部分规划道路尚未施工，步行15分钟才可达公交车站
小结	两住区皆离公交站较远，而同时也都合理利用了其区位优势作为卖点	

3 区域空间形态分析

	区域空间形态	区域空间形态描述
双子星座		整个区域地形相对复杂，空间形态多变。该楼盘位于鹅公园大桥桥头一高地，西北面比该地块下沉50m左右，为融侨半岛花园洋房区，西南面有两个较小的高层住区，东南区域为多层办公及小厂房，东北为一高地，相对双子星座楼盘地块高20m左右 从模型上看，该住区处于区域中心位置，同时超高层双塔成为区域空间起伏的高潮
布丁HOUSE		布丁house位于北城阳光今典一期以北，其用地内东西向5m高差，周围基本被其他百米高层住宅包围，仅占据该区域中的一方形地块，而其在区域空间形态上也显得不够突出
小结	两个住区因所在大环境中不同的空间关系而其外部空间环境设计出发点不同，双子星座环境设计在于使用引导性享受大的区域自然环境；而布丁house则通过地块内部高差关系强化特色环境处理。两住区因背景条件相异而采用不同的环境设计出发点	

4 总图对比分析

	总平面图	总图描述
双子星座		总图中首先考虑实现最多的观江面，而其地块呈不规则形，建筑摆放后，轴线由中部穿越整个地块，其余下的外部空间被割裂出多处大小不等的三角形地带
布丁HOUSE	 标准层平面图	用地规整，其住宅平面呈严格对称状，U型平面围合了中庭空间，但地形的高差关系又打破了四周环绕的人行流线
小结	两个住区从总图关系上可看出不规则地形在塑造个性空间时比纯几何地形更有利，其自然形成了多处不同形状的小空间，且空间的收放闭合关系多变；而在规则形的用地中，余下外部空间容易呈现均质化倾向。因此，过于严整的几何形用地住区在其外部空间环境塑造上相对难以出彩	

5 入口空间环境细节对比分析

		入口场景	阶梯	花池	喷泉
双子星座					
	场景描述	入口由一两级台阶联接其住区中轴线，分左右两路径到达各建筑入口	入口处于一转角位置，大台阶转角处理为圆角，台阶一方面引导了人的视线，另一方面乳白色石材及圆角的处理给人亲切舒适感	花池结合台阶边沿设计，其一端平台为可供人休息的座位，另一端则作为台阶结束及花池转角为圆柱形高起花池，使得整体边沿柔和而富有层次	位于入口中轴线，通过两栋超高层及休闲亭和水上树种以及小品的对称布置，强调了中轴空间，引导了人流向内部中心景观
		入口场景	广告标识	花池	铺地
布丁HOUSE					
	场景描述	入口处一保安亭，大门4m宽由两高立路灯限定其空间范围	安全标示系统安放在入口显眼处，其体积大，但广告色调与周边环境相冲突	采用了人造石材，以粗糙的材质表现生态氛围，栽种的竹木下用兰草遮盖泥土，层次感强	入口空间铺地较为简单，与草地交接的边沿处仅用色彩作为区分，以空心植草砖做场地铺垫为室外停车场区域
	对比分析	住区的入口空间，其空间尺度、颜色、材质等相互协调可营造住区亲切舒适的第一印象。双子星座入口空间相对布丁HOUSE简洁而大气，仅在其边沿处做了细部的线角和材质对比处理；而布丁house的入口因与建筑的距离较近，反而比相对超高层的双子星座显得压抑，且其入口空间尺度较小并且各细节交接处未能作妥善的处理，因此给人生硬的感觉 所以，在总图布置中首先应尽量预留一较宽敞而视线开阔的区域作为住区的入口空间，且环境细节设计立足简洁中体现韵律的线条、体量关系和协调的色彩搭配，务必避免突兀的高亮度色大面积出现，并且各个环境细节交接处可通过材质对比、点缀色对比及细部做法加强亲人尺度下的和谐感			

6 住宅楼栋入户环境细节对比分析

		门厅	小品	标识	对比分析
双子星座					住区楼栋是内部空间与外部空间相互衔接的灰空间部分，需体现其明确的入口空间效果。由外至内，可通过植被引导、小品提示、醒目的标识系统等强化空间的领域感，且入口内部进行人性化的设计，布置休闲座椅、信报箱、住区公共厕所等，使其成为住区居民的一个小型交流场所
	场景描述	以一长廊作为入口引导，具有韵律美感，但铺地处理简单，与其构架不相协调	入口处有一石雕小品，形象生动，且石材与其建筑立面及铺地色调调合，作为入口的提示	直接摆放一标识作为楼栋提示，采用黑色厚重感强的材料表现，效果醒目	
布丁HOUSE					
	场景描述	一层架空形成入口门厅，其通高空间及剪力墙作为信箱壁的应用合理，也为居民提供夏季庇荫场所	入口小品位于与入口处相对的道路对面，使用率及观赏性较低	入口楼栋标识直接贴于高柱之上，因其空间高度及视线仰视角度得当，提升了其入口空间感	

7 中心环境细节对比分析

	中心场景	水景	植被
双子星座			
场景描述	以小型喷泉和跌水作为住区中心轴的开始，沿其方向到达内部小广场即观江广场	该住区水景采用了跌水和喷泉的形式，而动水创造了活跃的气氛，外部空间中于水景中放置花坛，种植热带植物，跌水处休闲步道增强了亲水性，使居民在其外部空间中从视、听、触三方面得到真实的体验	采用的树木种类较少，而整个住区内植被色彩均以绿色为主。草坪设计了曲线条石配合低矮灌木的种植，打破了纯平面化的植被栽种，草地边界曲线与场地水景边界线呼应，增强了平面构图的逻辑性
	建筑立面	铺地	小品及设施
场景描述			
	建筑立面采用了白色和灰色，与地面铺地色彩一致	该住区室外铺地多用石材和木材，色调都采用了冷色调，与建筑色彩协调，材质上石材性冷，而木材性暖，两种材料都适宜滨江氛围。入口处的石材铺地随路径流线而转折，一方面避免过于规律的做法，另一方面对行进路线起到暗示作用	环境小品也多以木材构筑物为主，照明设施采用了高度1m左右的立式灯具，低矮灯具有助于安静气氛的烘托
	中心场景	水景	植被
布丁HOUSE			
场景描述	该住区小广场为尽端式广场，因场地内存在5m高差而又未使用垂直交通使之形成有效的环路，所以中心广场相对萧条，而该广场公共设施暂不完善，因此来往居民更少	该住区水景采用了静水设计，水域面都呈条形对称排列，四个水域分别两两处于不同的高度上，但水域宽度不足3m，深度仅0.5m不到，水景被周围绿化带隔断，很难形成亲水效果及安静的氛围	该住区内植被物种多，而整个住区内植被色彩均以绿色为主。在植被种植上讲究层次感，但高木树种直接插入草坪，加之高木树冠直径较小，给人感觉相对突兀
	建筑立面	铺地	小品及设施
场景描述	该住区建筑立面均采用黄色小面砖贴面及绿色玻璃门窗，色彩搭配欠佳	中心小广场铺地采用了部分曲线线条与直线线条搭配。但两种线条的平行布置有所冲突，铺地与草地间以鹅卵石作为压边	小品设施大多直接安放在广场边沿，部分设施的使用率较低
对比分析	住区中心广场作为住区外部空间的核心点，其交通流线、植被配置、设施安放都极为重要。尽端式道路体系常常处于消极空间，加之若中心广场处于一高楼的视线焦点中心，在其内部活动的人群私密性受到影响也常常导致其空间活力的降低；住区铺地的重点在于处理边沿交接处，两种铺地形式不能生硬的直接交接，尽量采用可衬托两种铺地的不同材质材料或不同的构造做法加强地面边沿线条力度；住区植被配置可根据当地的气候选择色彩多样且植被高度不等的植物配合培植，特别考虑气候更替呈现不同色彩的效果；水景的利用强调小区的定位，静水给人静谧而动水给人生动，可根据住区定位进行创意设计；住区建筑立面需考虑到整个区域的空间关系和色彩关系选择材质颜色，特别重庆地区多雾能见度低，因气候不利色彩的真实展现，不适于采用过高彩度的色彩；住区内设施应根据使用后调研进行调整，利用坐凳的安放位置，垃圾桶的辐射范围来提高住区公共设施的使用效率，增强居民在外部空间的参与性，实现外部空间的有效性		

8 其他环境细节

座椅安放	灯具选择	地漏处理	路径重塑	停车坪
住区内座椅的布置需考虑座椅安放位置，尽量避免直接安放在人行频率高的主道边沿，可向两侧退让3～5m后安放坐椅，其3～5m范围形成的半私密空间营造适当的社交距离	住区灯具根据住区外部空间主题定位进行选择和设计，通常营造静谧氛围宜采用低矮且照度较低的灯具，而创造活跃气氛则采用高立灯具，灯光照度高且色彩多变	住区地漏可依据铺地形式和雨水排放量进行设计	草坪在使用后发现被践踏，其根本原因在于最初环境细节设计时未妥善考虑到人的行进细节，为避免对草坪的破坏，可采用石板等材料对路径重塑	停车坪为不影响植物的生长，多采用植草砖类材料，同时可采用不同色彩砖石及花池处理作为停车坪的分隔

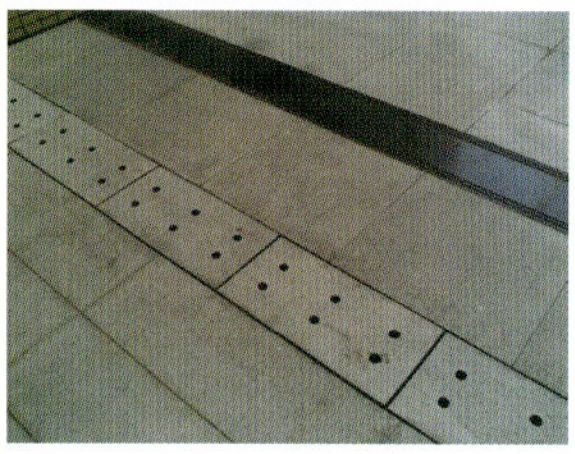

位。然而，设计中对外部空间的思考大多时候仅能体现在前期平面分析图和后期的总图上，但在使用后评价中表明了这种对于空间二维化的表达方式导致了思维局限性，而人体尺度、视觉效应、空间体验则具有三维和抽象的特点。换而言之，作为外部空间的设计基础，居民在住区中的活动状态是一个立体的运动设计过程，直线或曲线的路径设计、空间放大点所处的位置、围合其空间的建筑立面色彩及材质，都会影响使用者的感受；在北方住区中，严格的住宅朝向关系及标准化单元的联立排列，也容易导致外部空间设计的均质化和相似性。

综上所述，对于住区外部空间的环境设计应更多地应用立体的三维观体验其空间各细节元素间的相互关系及其影响力，从细节设计出发增强居民在住区空间中的归属感是实现住区高品质外部空间体验的有效方法。

三、住区环境细节的有效性分析

以下对重庆两个小型住区的环境细节设计进行比较分析，阐述环境细节设计在住区外部空间使用上所起到的重要作用。

住区环境细节设计是住区外部空间设计中重要的部分，除了上述所说的环境细节设计由居民体验和使用情况的判断，同时也应考虑到时间性和季节性等变化而产生的不同的使用背景条件。例如早晚时间段住区外部空间使用人群的不同；考虑到早间老人在室外晨练，而晚间中年居民多喜欢饭后散步，夏季室外座椅宜布置在树冠树荫处，而冬季则避免安放在气流差过大的位置。

这些住区环境细节的设计都基于人体工学及人体心理学、行为学，传统观念上，住区的外部空间环境细节设计被认为是景观建筑学及环艺专业范畴，而实则设计师在总图布置中已开始了对环境布置的思考。

四、住区外部空间环境设计总结

住区外部空间的各种元素构成了整体环境氛围，每个元素自身都有相应的职责和功能，然而，各元素又并非独立，环境细节的设计就是在协调各元素间的关系使之最终强化居民参与性、营造更好的空间效果。在住区不断更新的今天，设计者对外部空间的思考则更应该是由大空间到小环境的分析，再由小细节到大环境的论证，使自己融入一个空间使用者而并非绝对创造者的角色，营造一个高品质的住区环境必然具有宏观的视野、清晰的思路及完善的表达。

作者单位：重庆大学建筑城规学院

预订2010年《住区》全年216.00元

北京：010-88369855
上海：021-51586235
深圳：0755-25170999

引领中国住宅新概念的权威读物

《住区》订阅单

中国建筑工业出版社
清华大学建筑设计研究院 联合主办
深圳市建筑设计研究总院有限公司

全年6期，共216.00元。欢迎广大业内同仁积极订阅。

征订单位（个人）：_____
联系人：_____ 性别：_____ 职务/职称：_____
邮寄地址：_____ 邮编：_____
发票单位名称：_____
E-mail：_____ 联系电话：_____
自____年____月至____年____月　　　　共计____期____套
合计（大写人民币）____万____仟____佰____拾____元整，　　（小写人民币）¥_____元
填写日期：____年____月____日　　　　您的签名：_____

邮局汇款
收款单位：客户服务中心
通信地址：北京市百万庄三里河路9号
　　　　　中国建筑工业出版社
邮政编码：100037
E-mail：kefu@cabp.com.cn

银行汇款
户　　名：北京明建汇文建筑书店有限公司
开户行：工行西直门支行
帐　　号：0200065019200098760
电　　话：010-88369877\55（兼传真）
联系人：张爽　李娟